上海绿色食品工作新要求

(2021年)

● 张维谊　丰东升　董永华　主编

中国农业科学技术出版社

图书在版编目（CIP）数据

上海绿色食品工作新要求：2021 年 / 张维谊，丰东升，董永华主编 . -- 北京：中国农业科学技术出版社，2021.12
ISBN 978-7-5116-5548-6

Ⅰ . ①上… Ⅱ . ①张… ②丰… ③董… Ⅲ . ①绿色食品 - 食品加工 - 文件 - 汇编 - 上海 -2021 Ⅳ . ① TS205

中国版本图书馆 CIP 数据核字（2021）第 211838 号

责任编辑	王惟萍
责任校对	李向荣
责任印制	姜义伟　王思文

出 版 者	中国农业科学技术出版社
	北京市中关村南大街 12 号　邮编：100081
电　　话	（010）82106643（编辑室）　（010）82109704（发行部）
	（010）82109709（读者服务部）
传　　真	（010）82109698
网　　址	http://www.castp.cn
经 销 者	各地新华书店
印 刷 者	北京中科印刷有限公司
成品尺寸	148 mm×210 mm　1/32
印　　张	8.5
字　　数	240 千字
版　　次	2021 年 12 月第 1 版　2021 年 12 月第 1 次印刷
定　　价	46.80 元

编　委　会

主　　编　张维谊　丰东升　董永华

副 主 编　杨　琳　蒋栋华

参编人员　郭微微　陈艳芬　刘东亮　尚　禹

　　　　　　王静芝　李瑞红　齐红燕　石国忠

前　言
Preface

　　"十四五"我国进入绿色发展驱动的农业高质量发展时期，习近平总书记强调："进入新发展阶段、贯彻新发展理念、构建新发展格局，是由我国经济社会发展的理论逻辑、历史逻辑、现实逻辑决定的。"要准确把握新发展阶段，深入贯彻新发展理念，加快构建人与自然和谐共生的农业发展新格局，增加绿色优质农产品有效供给，满足人民群众对美好生活的向往。绿色食品作为绿色优质农产品的主导产品，能够满足人民群众多元化、个性化、绿色化的消费需求。

　　近年来，农业农村部和上海市围绕绿色优质农产品高质量发展的主题，以"稳发展优供给，强品牌增效益"为主线，出台了一系列新制度、新要求。为将新制度、新要求落到实处，推动上海市绿色食品各项工作进一步科学化、制度化、规范化，本书将绿色食品涉及的法律法规、制度规范及本市要求等最新文件进行汇编。在汇编过程中，我们进行了认真讨论和甄别，一些内容雷同的文件没有列入在内，旨在方便管理者、生产者和相关从业人员查阅和使用。

上海市农产品质量安全中心

2021 年 9 月

目　录
Contents

第一篇 法律法规

《中华人民共和国农产品质量安全法》

《中华人民共和国食品安全法》

《中华人民共和国食品安全法实施条例》

中华人民共和国农产品质量安全法

（2006年4月29日第十届全国人民代表大会常务委员会第二十一次会议通过　根据2018年10月26日第十三届全国人民代表大会常务委员会第六次会议《关于修改〈中华人民共和国野生动物保护法〉等十五部法律的决定》修正）

第一章　总　则

第一条　为保障农产品质量安全，维护公众健康，促进农业和农村经济发展，制定本法。

第二条　本法所称农产品，是指来源于农业的初级产品，即在农业活动中获得的植物、动物、微生物及其产品。

本法所称农产品质量安全，是指农产品质量符合保障人的健康、安全的要求。

第三条　县级以上人民政府农业行政主管部门负责农产品质量安全的监督管理工作；县级以上人民政府有关部门按照职责分工，负责农产品质量安全的有关工作。

第四条　县级以上人民政府应当将农产品质量安全管理工作纳入本级国民经济和社会发展规划，并安排农产品质量安全经费，用于开展农产品质量安全工作。

第五条　县级以上地方人民政府统一领导、协调本行政区域内的农产品质量安全工作，并采取措施，建立健全农产品质量安全服务体系，提高农产品质量安全水平。

第六条　国务院农业行政主管部门应当设立由有关方面专家组成的农产品质量安全风险评估专家委员会，对可能影响农产品质量安全的潜在危害进行风险分析和评估。

国务院农业行政主管部门应当根据农产品质量安全风险评估结果采取相应的管理措施，并将农产品质量安全风险评估结果及时通报国务院有关部门。

第七条　国务院农业行政主管部门和省、自治区、直辖市人民政府农业行政主管部门应当按照职责权限，发布有关农产品质量安全状况信息。

第八条　国家引导、推广农产品标准化生产，鼓励和支持生产优质农产品，禁止生产、销售不符合国家规定的农产品质量安全标准的农产品。

第九条　国家支持农产品质量安全科学技术研究，推行科学的质量安全管理方法，推广先进安全的生产技术。

第十条　各级人民政府及有关部门应当加强农产品质量安全知识的宣传，提高公众的农产品质量安全意识，引导农产品生产者、销售者加强质量安全管理，保障农产品消费安全。

第二章　农产品质量安全标准

第十一条　国家建立健全农产品质量安全标准体系。农产品质量安全标准是强制性的技术规范。

农产品质量安全标准的制定和发布，依照有关法律、行政法规的规定执行。

第十二条　制定农产品质量安全标准应当充分考虑农产品质量安全风险评估结果，并听取农产品生产者、销售者和消费者的意见，保障消费安全。

第十三条 农产品质量安全标准应当根据科学技术发展水平以及农产品质量安全的需要，及时修订。

第十四条 农产品质量安全标准由农业行政主管部门商有关部门组织实施。

第三章 农产品产地

第十五条 县级以上地方人民政府农业行政主管部门按照保障农产品质量安全的要求，根据农产品品种特性和生产区域大气、土壤、水体中有毒有害物质状况等因素，认为不适宜特定农产品生产的，提出禁止生产的区域，报本级人民政府批准后公布。具体办法由国务院农业行政主管部门商国务院生态环境主管部门制定。

农产品禁止生产区域的调整，依照前款规定的程序办理。

第十六条 县级以上人民政府应当采取措施，加强农产品基地建设，改善农产品的生产条件。

县级以上人民政府农业行政主管部门应当采取措施，推进保障农产品质量安全的标准化生产综合示范区、示范农场、养殖小区和无规定动植物疫病区的建设。

第十七条 禁止在有毒有害物质超过规定标准的区域生产、捕捞、采集食用农产品和建立农产品生产基地。

第十八条 禁止违反法律、法规的规定向农产品产地排放或者倾倒废水、废气、固体废物或者其他有毒有害物质。

农业生产用水和用作肥料的固体废物，应当符合国家规定的标准。

第十九条 农产品生产者应当合理使用化肥、农药、兽药、农用薄膜等化工产品，防止对农产品产地造成污染。

第四章 农产品生产

第二十条 国务院农业行政主管部门和省、自治区、直辖市人民政府农业行政主管部门应当制定保障农产品质量安全的生产技术要求和操作规程。县级以上人民政府农业行政主管部门应当加强对农产品生产的指导。

第二十一条 对可能影响农产品质量安全的农药、兽药、饲料和饲料添加剂、肥料、兽医器械，依照有关法律、行政法规的规定实行许可制度。

国务院农业行政主管部门和省、自治区、直辖市人民政府农业行政主管部门应当定期对可能危及农产品质量安全的农药、兽药、饲料和饲料添加剂、肥料等农业投入品进行监督抽查，并公布抽查结果。

第二十二条 县级以上人民政府农业行政主管部门应当加强对农业投入品使用的管理和指导，建立健全农业投入品的安全使用制度。

第二十三条 农业科研教育机构和农业技术推广机构应当加强对农产品生产者质量安全知识和技能的培训。

第二十四条 农产品生产企业和农民专业合作经济组织应当建立农产品生产记录，如实记载下列事项：

（一）使用农业投入品的名称、来源、用法、用量和使用、停用的日期；

（二）动物疫病、植物病虫草害的发生和防治情况；

（三）收获、屠宰或者捕捞的日期。

农产品生产记录应当保存二年。禁止伪造农产品生产记录。

国家鼓励其他农产品生产者建立农产品生产记录。

第二十五条 农产品生产者应当按照法律、行政法规和国务院农业行政主管部门的规定，合理使用农业投入品，严格执行农业投入品使用安全间隔期或者休药期的规定，防止危及农产品质量安全。

禁止在农产品生产过程中使用国家明令禁止使用的农业投入品。

第二十六条 农产品生产企业和农民专业合作经济组织，应当自行或者委托检测机构对农产品质量安全状况进行检测；经检测不符合农产品质量安全标准的农产品，不得销售。

第二十七条 农民专业合作经济组织和农产品行业协会对其成员应当及时提供生产技术服务，建立农产品质量安全管理制度，健全农产品质量安全控制体系，加强自律管理。

第五章 农产品包装和标识

第二十八条 农产品生产企业、农民专业合作经济组织以及从事农产品收购的单位或者个人销售的农产品，按照规定应当包装或者附加标识的，须经包装或者附加标识后方可销售。包装物或者标识上应当按照规定标明产品的品名、产地、生产者、生产日期、保质期、产品质量等级等内容；使用添加剂的，还应当按照规定标明添加剂的名称。具体办法由国务院农业行政主管部门制定。

第二十九条 农产品在包装、保鲜、贮存、运输中所使用的保鲜剂、防腐剂、添加剂等材料，应当符合国家有关强制性的技术规范。

第三十条 属于农业转基因生物的农产品，应当按照农业转基因生物安全管理的有关规定进行标识。

第三十一条 依法需要实施检疫的动植物及其产品，应当附具检疫合格标志、检疫合格证明。

第三十二条 销售的农产品必须符合农产品质量安全标准，生产者可以申请使用无公害农产品标志。农产品质量符合国家规定的有关优质农产品标准的，生产者可以申请使用相应的农产品质量标志。

禁止冒用前款规定的农产品质量标志。

第六章　监督检查

第三十三条　有下列情形之一的农产品，不得销售：

（一）含有国家禁止使用的农药、兽药或者其他化学物质的；

（二）农药、兽药等化学物质残留或者含有的重金属等有毒有害物质不符合农产品质量安全标准的；

（三）含有的致病性寄生虫、微生物或者生物毒素不符合农产品质量安全标准的；

（四）使用的保鲜剂、防腐剂、添加剂等材料不符合国家有关强制性的技术规范的；

（五）其他不符合农产品质量安全标准的。

第三十四条　国家建立农产品质量安全监测制度。县级以上人民政府农业行政主管部门应当按照保障农产品质量安全的要求，制定并组织实施农产品质量安全监测计划，对生产中或者市场上销售的农产品进行监督抽查。监督抽查结果由国务院农业行政主管部门或者省、自治区、直辖市人民政府农业行政主管部门按照权限予以公布。

监督抽查检测应当委托符合本法第三十五条规定条件的农产品质量安全检测机构进行，不得向被抽查人收取费用，抽取的样品不得超过国务院农业行政主管部门规定的数量。上级农业行政主管部门监督抽查的农产品，下级农业行政主管部门不得另行重复抽查。

第三十五条　农产品质量安全检测应当充分利用现有的符合条件的检测机构。

从事农产品质量安全检测的机构，必须具备相应的检测条件和能力，由省级以上人民政府农业行政主管部门或者其授权的部门考核合格。具体办法由国务院农业行政主管部门制定。

农产品质量安全检测机构应当依法经计量认证合格。

第三十六条 农产品生产者、销售者对监督抽查检测结果有异议的，可以自收到检测结果之日起五日内，向组织实施农产品质量安全监督抽查的农业行政主管部门或者其上级农业行政主管部门申请复检。

采用国务院农业行政主管部门会同有关部门认定的快速检测方法进行农产品质量安全监督抽查检测，被抽查人对检测结果有异议的，可以自收到检测结果时起四小时内申请复检。复检不得采用快速检测方法。

因检测结果错误给当事人造成损害的，依法承担赔偿责任。

第三十七条 农产品批发市场应当设立或者委托农产品质量安全检测机构，对进场销售的农产品质量安全状况进行抽查检测；发现不符合农产品质量安全标准的，应当要求销售者立即停止销售，并向农业行政主管部门报告。

农产品销售企业对其销售的农产品，应当建立健全进货检查验收制度；经查验不符合农产品质量安全标准的，不得销售。

第三十八条 国家鼓励单位和个人对农产品质量安全进行社会监督。任何单位和个人都有权对违反本法的行为进行检举、揭发和控告。有关部门收到相关的检举、揭发和控告后，应当及时处理。

第三十九条 县级以上人民政府农业行政主管部门在农产品质量安全监督检查中，可以对生产、销售的农产品进行现场检查，调查了解农产品质量安全的有关情况，查阅、复制与农产品质量安全有关的记录和其他资料；对经检测不符合农产品质量安全标准的农产品，有权查封、扣押。

第四十条 发生农产品质量安全事故时，有关单位和个人应当采取控制措施，及时向所在地乡级人民政府和县级人民政府农业行政主管部门报告；收到报告的机关应当及时处理并报上一级人民政府和有关部门。发生重大农产品质量安全事故时，农业行政主管部门应当及时通报同级市场监督管理部门。

　　第四十一条　县级以上人民政府农业行政主管部门在农产品质量安全监督管理中，发现有本法第三十三条所列情形之一的农产品，应当按照农产品质量安全责任追究制度的要求，查明责任人，依法予以处理或者提出处理建议。

　　第四十二条　进口的农产品必须按照国家规定的农产品质量安全标准进行检验；尚未制定有关农产品质量安全标准的，应当依法及时制定，未制定之前，可以参照国家有关部门指定的国外有关标准进行检验。

第七章　法律责任

　　第四十三条　农产品质量安全监督管理人员不依法履行监督职责，或者滥用职权的，依法给予行政处分。

　　第四十四条　农产品质量安全检测机构伪造检测结果的，责令改正，没收违法所得，并处五万元以上十万元以下罚款，对直接负责的主管人员和其他直接责任人员处一万元以上五万元以下罚款；情节严重的，撤销其检测资格；造成损害的，依法承担赔偿责任。

　　农产品质量安全检测机构出具检测结果不实，造成损害的，依法承担赔偿责任；造成重大损害的，并撤销其检测资格。

　　第四十五条　违反法律、法规规定，向农产品产地排放或者倾倒废水、废气、固体废物或者其他有毒有害物质的，依照有关环境保护法律、法规的规定处罚；造成损害的，依法承担赔偿责任。

　　第四十六条　使用农业投入品违反法律、行政法规和国务院农业行政主管部门的规定的，依照有关法律、行政法规的规定处罚。

第四十七条 农产品生产企业、农民专业合作经济组织未建立或者未按照规定保存农产品生产记录的，或者伪造农产品生产记录的，责令限期改正；逾期不改正的，可以处二千元以下罚款。

第四十八条 违反本法第二十八条规定，销售的农产品未按照规定进行包装、标识的，责令限期改正；逾期不改正的，可以处二千元以下罚款。

第四十九条 有本法第三十三条第四项规定情形，使用的保鲜剂、防腐剂、添加剂等材料不符合国家有关强制性的技术规范的，责令停止销售，对被污染的农产品进行无害化处理，对不能进行无害化处理的予以监督销毁；没收违法所得，并处二千元以上二万元以下罚款。

第五十条 农产品生产企业、农民专业合作经济组织销售的农产品有本法第三十三条第一项至第三项或者第五项所列情形之一的，责令停止销售，追回已经销售的农产品，对违法销售的农产品进行无害化处理或者予以监督销毁；没收违法所得，并处二千元以上二万元以下罚款。

农产品销售企业销售的农产品有前款所列情形的，依照前款规定处理、处罚。

农产品批发市场中销售的农产品有第一款所列情形的，对违法销售的农产品依照第一款规定处理，对农产品销售者依照第一款规定处罚。

农产品批发市场违反本法第三十七条第一款规定的，责令改正，处二千元以上二万元以下罚款。

第五十一条 违反本法第三十二条规定，冒用农产品质量标志的，责令改正，没收违法所得，并处二千元以上二万元以下罚款。

第五十二条 本法第四十四条，第四十七条至第四十九条，第五十条第一款、第四款和第五十一条规定的处理、处罚，由县级以上人民政府农业行政主管部门决定；第五十条第二款、第三款规定的处理、处罚，由市场监督管理部门决定。

法律对行政处罚及处罚机关有其他规定的，从其规定。但是，对同一违法行为不得重复处罚。

第五十三条　违反本法规定，构成犯罪的，依法追究刑事责任。

第五十四条　生产、销售本法第三十三条所列农产品，给消费者造成损害的，依法承担赔偿责任。

农产品批发市场中销售的农产品有前款规定情形的，消费者可以向农产品批发市场要求赔偿；属于生产者、销售者责任的，农产品批发市场有权追偿。消费者也可以直接向农产品生产者、销售者要求赔偿。

第八章　附　　则

第五十五条　生猪屠宰的管理按照国家有关规定执行。

第五十六条　本法自 2006 年 11 月 1 日起施行。

中华人民共和国食品安全法

（2009年2月28日第十一届全国人民代表大会常务委员会第七次会议通过 2015年4月24日第十二届全国人民代表大会常务委员会第十四次会议修订 根据2018年12月29日第十三届全国人民代表大会常务委员会第七次会议《关于修改〈中华人民共和国产品质量法〉等五部法律的决定》修正 根据2021年4月29日第十三届全国人民代表大会常务委员会第二十八次会议《关于修改〈中华人民共和国道路交通安全法〉等八部法律的决定》第二次修正）

第一章 总 则

第一条 为了保证食品安全，保障公众身体健康和生命安全，制定本法。

第二条 在中华人民共和国境内从事下列活动，应当遵守本法：

（一）食品生产和加工（以下称食品生产），食品销售和餐饮服务（以下称食品经营）；

（二）食品添加剂的生产经营；

（三）用于食品的包装材料、容器、洗涤剂、消毒剂和用于食品生产经营的工具、设备（以下称食品相关产品）的生产经营；

（四）食品生产经营者使用食品添加剂、食品相关产品；

（五）食品的贮存和运输；

（六）对食品、食品添加剂、食品相关产品的安全管理。

供食用的源于农业的初级产品（以下称食用农产品）的质量安全管理，遵守《中华人民共和国农产品质量安全法》的规定。但是，食用农产品的市场销售、有关质量安全标准的制定、有关安全信息的公布和本法对农业投入品作出规定的，应当遵守本法的规定。

第三条　食品安全工作实行预防为主、风险管理、全程控制、社会共治，建立科学、严格的监督管理制度。

第四条　食品生产经营者对其生产经营食品的安全负责。

食品生产经营者应当依照法律、法规和食品安全标准从事生产经营活动，保证食品安全，诚信自律，对社会和公众负责，接受社会监督，承担社会责任。

第五条　国务院设立食品安全委员会，其职责由国务院规定。

国务院食品安全监督管理部门依照本法和国务院规定的职责，对食品生产经营活动实施监督管理。

国务院卫生行政部门依照本法和国务院规定的职责，组织开展食品安全风险监测和风险评估，会同国务院食品安全监督管理部门制定并公布食品安全国家标准。

国务院其他有关部门依照本法和国务院规定的职责，承担有关食品安全工作。

第六条　县级以上地方人民政府对本行政区域的食品安全监督管理工作负责，统一领导、组织、协调本行政区域的食品安全监督管理工作以及食品安全突发事件应对工作，建立健全食品安全全程监督管理工作机制和信息共享机制。

县级以上地方人民政府依照本法和国务院的规定，确定本级食品安全监督管理、卫生行政部门和其他有关部门的职责。有关部门在各自职责范围内负责本行政区域的食品安全监督管理工作。

县级人民政府食品安全监督管理部门可以在乡镇或者特定区域设立派出机构。

第七条　县级以上地方人民政府实行食品安全监督管理责任制。上级人民政府负责对下一级人民政府的食品安全监督管理工作进行评议、考核。县级以上地方人民政府负责对本级食品安全监督管理部门和其他有关部门的食品安全监督管理工作进行评议、考核。

第八条　县级以上人民政府应当将食品安全工作纳入本级国民经济和社会发展规划，将食品安全工作经费列入本级政府财政预算，加强食品安全监督管理能力建设，为食品安全工作提供保障。

县级以上人民政府食品安全监督管理部门和其他有关部门应当加强沟通、密切配合，按照各自职责分工，依法行使职权，承担责任。

第九条　食品行业协会应当加强行业自律，按照章程建立健全行业规范和奖惩机制，提供食品安全信息、技术等服务，引导和督促食品生产经营者依法生产经营，推动行业诚信建设，宣传、普及食品安全知识。

消费者协会和其他消费者组织对违反本法规定，损害消费者合法权益的行为，依法进行社会监督。

第十条　各级人民政府应当加强食品安全的宣传教育，普及食品安全知识，鼓励社会组织、基层群众性自治组织、食品生产经营者开展食品安全法律、法规以及食品安全标准和知识的普及工作，倡导健康的饮食方式，增强消费者食品安全意识和自我保护能力。

新闻媒体应当开展食品安全法律、法规以及食品安全标准和知识的公益宣传，并对食品安全违法行为进行舆论监督。有关食品安全的宣传报道应当真实、公正。

第十一条　国家鼓励和支持开展与食品安全有关的基础研究、应用研究，鼓励和支持食品生产经营者为提高食品安全水平采用先进技术和先进管理规范。

国家对农药的使用实行严格的管理制度，加快淘汰剧毒、高毒、高残留农药，推动替代产品的研发和应用，鼓励使用高效低毒低残留农药。

第十二条　任何组织或者个人有权举报食品安全违法行为，依法向有关部门了解食品安全信息，对食品安全监督管理工作提出意见和建议。

第十三条　对在食品安全工作中做出突出贡献的单位和个人，按照国家有关规定给予表彰、奖励。

第二章　食品安全风险监测和评估

第十四条　国家建立食品安全风险监测制度，对食源性疾病、食品污染以及食品中的有害因素进行监测。

国务院卫生行政部门会同国务院食品安全监督管理等部门，制定、实施国家食品安全风险监测计划。

国务院食品安全监督管理部门和其他有关部门获知有关食品安全风险信息后，应当立即核实并向国务院卫生行政部门通报。对有关部门通报的食品安全风险信息以及医疗机构报告的食源性疾病等有关疾病信息，国务院卫生行政部门应当会同国务院有关部门分析研究，认为必要的，及时调整国家食品安全风险监测计划。

省、自治区、直辖市人民政府卫生行政部门会同同级食品安全监督管理等部门，根据国家食品安全风险监测计划，结合本行政区域的具体情况，制定、调整本行政区域的食品安全风险监测方案，报国务院卫生行政部门备案并实施。

第十五条　承担食品安全风险监测工作的技术机构应当根据食品安全风险监测计划和监测方案开展监测工作，保证监测数据真实、准确，并按照食品安全风险监测计划和监测方案的要求报送监测数据和分析结果。

食品安全风险监测工作人员有权进入相关食用农产品种植养

殖、食品生产经营场所采集样品、收集相关数据。采集样品应当按照市场价格支付费用。

第十六条 食品安全风险监测结果表明可能存在食品安全隐患的，县级以上人民政府卫生行政部门应当及时将相关信息通报同级食品安全监督管理等部门，并报告本级人民政府和上级人民政府卫生行政部门。食品安全监督管理等部门应当组织开展进一步调查。

第十七条 国家建立食品安全风险评估制度，运用科学方法，根据食品安全风险监测信息、科学数据以及有关信息，对食品、食品添加剂、食品相关产品中生物性、化学性和物理性危害因素进行风险评估。

国务院卫生行政部门负责组织食品安全风险评估工作，成立由医学、农业、食品、营养、生物、环境等方面的专家组成的食品安全风险评估专家委员会进行食品安全风险评估。食品安全风险评估结果由国务院卫生行政部门公布。

对农药、肥料、兽药、饲料和饲料添加剂等的安全性评估，应当有食品安全风险评估专家委员会的专家参加。

食品安全风险评估不得向生产经营者收取费用，采集样品应当按照市场价格支付费用。

第十八条 有下列情形之一的，应当进行食品安全风险评估：

（一）通过食品安全风险监测或者接到举报发现食品、食品添加剂、食品相关产品可能存在安全隐患的；

（二）为制定或者修订食品安全国家标准提供科学依据需要进行风险评估的；

（三）为确定监督管理的重点领域、重点品种需要进行风险评估的；

（四）发现新的可能危害食品安全因素的；

（五）需要判断某一因素是否构成食品安全隐患的；

（六）国务院卫生行政部门认为需要进行风险评估的其他情形。

第十九条　国务院食品安全监督管理、农业行政等部门在监督管理工作中发现需要进行食品安全风险评估的，应当向国务院卫生行政部门提出食品安全风险评估的建议，并提供风险来源、相关检验数据和结论等信息、资料。属于本法第十八条规定情形的，国务院卫生行政部门应当及时进行食品安全风险评估，并向国务院有关部门通报评估结果。

第二十条　省级以上人民政府卫生行政、农业行政部门应当及时相互通报食品、食用农产品安全风险监测信息。

国务院卫生行政、农业行政部门应当及时相互通报食品、食用农产品安全风险评估结果等信息。

第二十一条　食品安全风险评估结果是制定、修订食品安全标准和实施食品安全监督管理的科学依据。

经食品安全风险评估，得出食品、食品添加剂、食品相关产品不安全结论的，国务院食品安全监督管理等部门应当依据各自职责立即向社会公告，告知消费者停止食用或者使用，并采取相应措施，确保该食品、食品添加剂、食品相关产品停止生产经营；需要制定、修订相关食品安全国家标准的，国务院卫生行政部门应当会同国务院食品安全监督管理部门立即制定、修订。

第二十二条　国务院食品安全监督管理部门应当会同国务院有关部门，根据食品安全风险评估结果、食品安全监督管理信息，对食品安全状况进行综合分析。对经综合分析表明可能具有较高程度安全风险的食品，国务院食品安全监督管理部门应当及时提出食品安全风险警示，并向社会公布。

第二十三条　县级以上人民政府食品安全监督管理部门和其他有关部门、食品安全风险评估专家委员会及其技术机构，应当按照科学、客观、及时、公开的原则，组织食品生产经营者、食品检验机构、认证机构、食品行业协会、消费者协会以及新闻媒体等，就食品安全风险评估信息和食品安全监督管理信息进行交流沟通。

第三章　食品安全标准

第二十四条　制定食品安全标准，应当以保障公众身体健康为宗旨，做到科学合理、安全可靠。

第二十五条　食品安全标准是强制执行的标准。除食品安全标准外，不得制定其他食品强制性标准。

第二十六条　食品安全标准应当包括下列内容：

（一）食品、食品添加剂、食品相关产品中的致病性微生物，农药残留、兽药残留、生物毒素、重金属等污染物质以及其他危害人体健康物质的限量规定；

（二）食品添加剂的品种、使用范围、用量；

（三）专供婴幼儿和其他特定人群的主辅食品的营养成分要求；

（四）对与卫生、营养等食品安全要求有关的标签、标志、说明书的要求；

（五）食品生产经营过程的卫生要求；

（六）与食品安全有关的质量要求；

（七）与食品安全有关的食品检验方法与规程；

（八）其他需要制定为食品安全标准的内容。

第二十七条　食品安全国家标准由国务院卫生行政部门会同国务院食品安全监督管理部门制定、公布，国务院标准化行政部门提供国家标准编号。

食品中农药残留、兽药残留的限量规定及其检验方法与规程由国务院卫生行政部门、国务院农业行政部门会同国务院食品安全监督管理部门制定。

屠宰畜、禽的检验规程由国务院农业行政部门会同国务院卫生行政部门制定。

第二十八条　制定食品安全国家标准，应当依据食品安全风险评估结果并充分考虑食用农产品安全风险评估结果，参照相关的国际标准和国际食品安全风险评估结果，并将食品安全国家标准草案向社会公布，广泛听取食品生产经营者、消费者、有关部门等方面的意见。

食品安全国家标准应当经国务院卫生行政部门组织的食品安全国家标准审评委员会审查通过。食品安全国家标准审评委员会由医学、农业、食品、营养、生物、环境等方面的专家以及国务院有关部门、食品行业协会、消费者协会的代表组成，对食品安全国家标准草案的科学性和实用性等进行审查。

第二十九条　对地方特色食品，没有食品安全国家标准的，省、自治区、直辖市人民政府卫生行政部门可以制定并公布食品安全地方标准，报国务院卫生行政部门备案。食品安全国家标准制定后，该地方标准即行废止。

第三十条　国家鼓励食品生产企业制定严于食品安全国家标准或者地方标准的企业标准，在本企业适用，并报省、自治区、直辖市人民政府卫生行政部门备案。

第三十一条　省级以上人民政府卫生行政部门应当在其网站上公布制定和备案的食品安全国家标准、地方标准和企业标准，供公众免费查阅、下载。

对食品安全标准执行过程中的问题，县级以上人民政府卫生行政部门应当会同有关部门及时给予指导、解答。

第三十二条　省级以上人民政府卫生行政部门应当会同同级食品安全监督管理、农业行政等部门，分别对食品安全国家标准和地方标准的执行情况进行跟踪评价，并根据评价结果及时修订食品安全标准。

省级以上人民政府食品安全监督管理、农业行政等部门应当对食品安全标准执行中存在的问题进行收集、汇总，并及时向同级卫生行政部门通报。

食品生产经营者、食品行业协会发现食品安全标准在执行中存在问题的，应当立即向卫生行政部门报告。

第四章　食品生产经营

第一节　一般规定

第三十三条　食品生产经营应当符合食品安全标准，并符合下列要求：

（一）具有与生产经营的食品品种、数量相适应的食品原料处理和食品加工、包装、贮存等场所，保持该场所环境整洁，并与有毒、有害场所以及其他污染源保持规定的距离；

（二）具有与生产经营的食品品种、数量相适应的生产经营设备或者设施，有相应的消毒、更衣、盥洗、采光、照明、通风、防腐、防尘、防蝇、防鼠、防虫、洗涤以及处理废水、存放垃圾和废弃物的设备或者设施；

（三）有专职或者兼职的食品安全专业技术人员、食品安全管理人员和保证食品安全的规章制度；

（四）具有合理的设备布局和工艺流程，防止待加工食品与直接入口食品、原料与成品交叉污染，避免食品接触有毒物、不洁物；

（五）餐具、饮具和盛放直接入口食品的容器，使用前应当洗净、消毒，炊具、用具用后应当洗净，保持清洁；

（六）贮存、运输和装卸食品的容器、工具和设备应当安全、无害，保持清洁，防止食品污染，并符合保证食品安全所需的温度、湿度等特殊要求，不得将食品与有毒、有害物品一同贮存、运输；

（七）直接入口的食品应当使用无毒、清洁的包装材料、餐具、饮具和容器；

（八）食品生产经营人员应当保持个人卫生，生产经营食品时，应当将手洗净，穿戴清洁的工作衣、帽等；销售无包装的直接入口食品时，应当使用无毒、清洁的容器、售货工具和设备；

（九）用水应当符合国家规定的生活饮用水卫生标准；

（十）使用的洗涤剂、消毒剂应当对人体安全、无害；

（十一）法律、法规规定的其他要求。

非食品生产经营者从事食品贮存、运输和装卸的，应当符合前款第六项的规定。

第三十四条　禁止生产经营下列食品、食品添加剂、食品相关产品：

（一）用非食品原料生产的食品或者添加食品添加剂以外的化学物质和其他可能危害人体健康物质的食品，或者用回收食品作为原料生产的食品；

（二）致病性微生物，农药残留、兽药残留、生物毒素、重金属等污染物质以及其他危害人体健康的物质含量超过食品安全标准限量的食品、食品添加剂、食品相关产品；

（三）用超过保质期的食品原料、食品添加剂生产的食品、食品添加剂；

（四）超范围、超限量使用食品添加剂的食品；

（五）营养成分不符合食品安全标准的专供婴幼儿和其他特定人群的主辅食品；

（六）腐败变质、油脂酸败、霉变生虫、污秽不洁、混有异物、掺假掺杂或者感官性状异常的食品、食品添加剂；

（七）病死、毒死或者死因不明的禽、畜、兽、水产动物肉类及其制品；

（八）未按规定进行检疫或者检疫不合格的肉类，或者未经检验或者检验不合格的肉类制品；

（九）被包装材料、容器、运输工具等污染的食品、食品添加剂；

（十）标注虚假生产日期、保质期或者超过保质期的食品、食品添加剂；

（十一）无标签的预包装食品、食品添加剂；

（十二）国家为防病等特殊需要明令禁止生产经营的食品；

（十三）其他不符合法律、法规或者食品安全标准的食品、食品添加剂、食品相关产品。

第三十五条 国家对食品生产经营实行许可制度。从事食品生产、食品销售、餐饮服务，应当依法取得许可。但是，销售食用农产品和仅销售预包装食品的，不需要取得许可。仅销售预包装食品的，应当报所在地县级以上地方人民政府食品安全监督管理部门备案。

县级以上地方人民政府食品安全监督管理部门应当依照《中华人民共和国行政许可法》的规定，审核申请人提交的本法第三十三条第一款第一项至第四项规定要求的相关资料，必要时对申请人的生产经营场所进行现场核查；对符合规定条件的，准予许可；对不符合规定条件的，不予许可并书面说明理由。

第三十六条 食品生产加工小作坊和食品摊贩等从事食品生产经营活动，应当符合本法规定的与其生产经营规模、条件相适应的食品安全要求，保证所生产经营的食品卫生、无毒、无害，食品安全监督管理部门应当对其加强监督管理。

县级以上地方人民政府应当对食品生产加工小作坊、食品摊贩等进行综合治理，加强服务和统一规划，改善其生产经营环境，鼓励和支持其改进生产经营条件，进入集中交易市场、店铺等固定场所经营，或者在指定的临时经营区域、时段经营。

食品生产加工小作坊和食品摊贩等的具体管理办法由省、自治区、直辖市制定。

第三十七条 利用新的食品原料生产食品，或者生产食品添加剂新品种、食品相关产品新品种，应当向国务院卫生行政部门提交相关产品的安全性评估材料。国务院卫生行政部门应当自收到申请之日起六十日内组织审查；对符合食品安全要求的，准予许可并公布；对不符合食品安全要求的，不予许可并书面说明理由。

第三十八条　生产经营的食品中不得添加药品，但是可以添加按照传统既是食品又是中药材的物质。按照传统既是食品又是中药材的物质目录由国务院卫生行政部门会同国务院食品安全监督管理部门制定、公布。

第三十九条　国家对食品添加剂生产实行许可制度。从事食品添加剂生产，应当具有与所生产食品添加剂品种相适应的场所、生产设备或者设施、专业技术人员和管理制度，并依照本法第三十五条第二款规定的程序，取得食品添加剂生产许可。

生产食品添加剂应当符合法律、法规和食品安全国家标准。

第四十条　食品添加剂应当在技术上确有必要且经过风险评估证明安全可靠，方可列入允许使用的范围；有关食品安全国家标准应当根据技术必要性和食品安全风险评估结果及时修订。

食品生产经营者应当按照食品安全国家标准使用食品添加剂。

第四十一条　生产食品相关产品应当符合法律、法规和食品安全国家标准。对直接接触食品的包装材料等具有较高风险的食品相关产品，按照国家有关工业产品生产许可证管理的规定实施生产许可。食品安全监督管理部门应当加强对食品相关产品生产活动的监督管理。

第四十二条　国家建立食品安全全程追溯制度。

食品生产经营者应当依照本法的规定，建立食品安全追溯体系，保证食品可追溯。国家鼓励食品生产经营者采用信息化手段采集、留存生产经营信息，建立食品安全追溯体系。

国务院食品安全监督管理部门会同国务院农业行政等有关部门建立食品安全全程追溯协作机制。

第四十三条 地方各级人民政府应当采取措施鼓励食品规模化生产和连锁经营、配送。

国家鼓励食品生产经营企业参加食品安全责任保险。

第二节 生产经营过程控制

第四十四条 食品生产经营企业应当建立健全食品安全管理制度，对职工进行食品安全知识培训，加强食品检验工作，依法从事生产经营活动。

食品生产经营企业的主要负责人应当落实企业食品安全管理制度，对本企业的食品安全工作全面负责。

食品生产经营企业应当配备食品安全管理人员，加强对其培训和考核。经考核不具备食品安全管理能力的，不得上岗。食品安全监督管理部门应当对企业食品安全管理人员随机进行监督抽查考核并公布考核情况。监督抽查考核不得收取费用。

第四十五条 食品生产经营者应当建立并执行从业人员健康管理制度。患有国务院卫生行政部门规定的有碍食品安全疾病的人员，不得从事接触直接入口食品的工作。

从事接触直接入口食品工作的食品生产经营人员应当每年进行健康检查，取得健康证明后方可上岗工作。

第四十六条 食品生产企业应当就下列事项制定并实施控制要求，保证所生产的食品符合食品安全标准：

（一）原料采购、原料验收、投料等原料控制；

（二）生产工序、设备、贮存、包装等生产关键环节控制；

（三）原料检验、半成品检验、成品出厂检验等检验控制；

（四）运输和交付控制。

第四十七条 食品生产经营者应当建立食品安全自查制度，定期对食品安全状况进行检查评价。生产经营条件发生变化，不再符合食品安全要求的，食品生产经营者应当立即采取整改措施；有发生食品安全事故潜在风险的，应当立即停止食品生产经营活动，并向所在地县级人民政府食品安全监督管理部门报告。

第四十八条　国家鼓励食品生产经营企业符合良好生产规范要求，实施危害分析与关键控制点体系，提高食品安全管理水平。

对通过良好生产规范、危害分析与关键控制点体系认证的食品生产经营企业，认证机构应当依法实施跟踪调查；对不再符合认证要求的企业，应当依法撤销认证，及时向县级以上人民政府食品安全监督管理部门通报，并向社会公布。认证机构实施跟踪调查不得收取费用。

第四十九条　食用农产品生产者应当按照食品安全标准和国家有关规定使用农药、肥料、兽药、饲料和饲料添加剂等农业投入品，严格执行农业投入品使用安全间隔期或者休药期的规定，不得使用国家明令禁止的农业投入品。禁止将剧毒、高毒农药用于蔬菜、瓜果、茶叶和中草药材等国家规定的农作物。

食用农产品的生产企业和农民专业合作经济组织应当建立农业投入品使用记录制度。

县级以上人民政府农业行政部门应当加强对农业投入品使用的监督管理和指导，建立健全农业投入品安全使用制度。

第五十条　食品生产者采购食品原料、食品添加剂、食品相关产品，应当查验供货者的许可证和产品合格证明；对无法提供合格证明的食品原料，应当按照食品安全标准进行检验；不得采购或者使用不符合食品安全标准的食品原料、食品添加剂、食品相关产品。

食品生产企业应当建立食品原料、食品添加剂、食品相关产品进货查验记录制度，如实记录食品原料、食品添加剂、食品相关产品的名称、规格、数量、生产日期或者生产批号、保质期、进货日期以及供货者名称、地址、联系方式等内容，并保存相关凭证。记录和凭证保存期限不得少于产品保质期满后六个月；没有明确保质期的，保存期限不得少于二年。

第五十一条 食品生产企业应当建立食品出厂检验记录制度，查验出厂食品的检验合格证和安全状况，如实记录食品的名称、规格、数量、生产日期或者生产批号、保质期、检验合格证号、销售日期以及购货者名称、地址、联系方式等内容，并保存相关凭证。记录和凭证保存期限应当符合本法第五十条第二款的规定。

第五十二条 食品、食品添加剂、食品相关产品的生产者，应当按照食品安全标准对所生产的食品、食品添加剂、食品相关产品进行检验，检验合格后方可出厂或者销售。

第五十三条 食品经营者采购食品，应当查验供货者的许可证和食品出厂检验合格证或者其他合格证明（以下称合格证明文件）。

食品经营企业应当建立食品进货查验记录制度，如实记录食品的名称、规格、数量、生产日期或者生产批号、保质期、进货日期以及供货者名称、地址、联系方式等内容，并保存相关凭证。记录和凭证保存期限应当符合本法第五十条第二款的规定。

实行统一配送经营方式的食品经营企业，可以由企业总部统一查验供货者的许可证和食品合格证明文件，进行食品进货查验记录。

从事食品批发业务的经营企业应当建立食品销售记录制度，如实记录批发食品的名称、规格、数量、生产日期或者生产批号、保质期、销售日期以及购货者名称、地址、联系方式等内容，并保存相关凭证。记录和凭证保存期限应当符合本法第五十条第二款的规定。

第五十四条 食品经营者应当按照保证食品安全的要求贮存食品，定期检查库存食品，及时清理变质或者超过保质期的食品。

食品经营者贮存散装食品，应当在贮存位置标明食品的名称、生产日期或者生产批号、保质期、生产者名称及联系方式等内容。

第五十五条 餐饮服务提供者应当制定并实施原料控制要求，不得采购不符合食品安全标准的食品原料。倡导餐饮服务提供者公开加工过程，公示食品原料及其来源等信息。

餐饮服务提供者在加工过程中应当检查待加工的食品及原料，发现有本法第三十四条第六项规定情形的，不得加工或者使用。

第五十六条 餐饮服务提供者应当定期维护食品加工、贮存、陈列等设施、设备；定期清洗、校验保温设施及冷藏、冷冻设施。

餐饮服务提供者应当按照要求对餐具、饮具进行清洗消毒，不得使用未经清洗消毒的餐具、饮具；餐饮服务提供者委托清洗消毒餐具、饮具的，应当委托符合本法规定条件的餐具、饮具集中消毒服务单位。

第五十七条 学校、托幼机构、养老机构、建筑工地等集中用餐单位的食堂应当严格遵守法律、法规和食品安全标准；从供餐单位订餐的，应当从取得食品生产经营许可的企业订购，并按照要求对订购的食品进行查验。供餐单位应当严格遵守法律、法规和食品安全标准，当餐加工，确保食品安全。

学校、托幼机构、养老机构、建筑工地等集中用餐单位的主管部门应当加强对集中用餐单位的食品安全教育和日常管理，降低食品安全风险，及时消除食品安全隐患。

第五十八条 餐具、饮具集中消毒服务单位应当具备相应的作业场所、清洗消毒设备或者设施，用水和使用的洗涤剂、消毒剂应当符合相关食品安全国家标准和其他国家标准、卫生规范。

餐具、饮具集中消毒服务单位应当对消毒餐具、饮具进行逐批检验，检验合格后方可出厂，并应当随附消毒合格证明。消毒后的餐具、饮具应当在独立包装上标注单位名称、地址、联系方式、消毒日期以及使用期限等内容。

第五十九条 食品添加剂生产者应当建立食品添加剂出厂检验记录制度，查验出厂产品的检验合格证和安全状况，如实记录食品添加剂的名称、规格、数量、生产日期或者生产批号、保质期、检验合格证号、销售日期以及购货者名称、地址、联系方式等相关内容，并保存相关凭证。记录和凭证保存期限应当符合本法第五十条第二款的规定。

第六十条 食品添加剂经营者采购食品添加剂，应当依法查验供货者的许可证和产品合格证明文件，如实记录食品添加剂的名称、规格、数量、生产日期或者生产批号、保质期、进货日期以及供货者名称、地址、联系方式等内容，并保存相关凭证。记录和凭证保存期限应当符合本法第五十条第二款的规定。

第六十一条 集中交易市场的开办者、柜台出租者和展销会举办者，应当依法审查入场食品经营者的许可证，明确其食品安全管理责任，定期对其经营环境和条件进行检查，发现其有违反本法规定行为的，应当及时制止并立即报告所在地县级人民政府食品安全监督管理部门。

第六十二条 网络食品交易第三方平台提供者应当对入网食品经营者进行实名登记，明确其食品安全管理责任；依法应当取得许可证的，还应当审查其许可证。

网络食品交易第三方平台提供者发现入网食品经营者有违反本法规定行为的，应当及时制止并立即报告所在地县级人民政府食品安全监督管理部门；发现严重违法行为的，应当立即停止提供网络交易平台服务。

第六十三条 国家建立食品召回制度。食品生产者发现其生产的食品不符合食品安全标准或者有证据证明可能危害人体健康的，应当立即停止生产，召回已经上市销售的食品，通知相关生产经营者和消费者，并记录召回和通知情况。

食品经营者发现其经营的食品有前款规定情形的，应当立即停止经营，通知相关生产经营者和消费者，并记录停止经营和通知情况。食品生产者认为应当召回的，应当立即召回。由于食品经营者的原因造成其经营的食品有前款规定情形的，食品经营者应当召回。

食品生产经营者应当对召回的食品采取无害化处理、销毁等措施，防止其再次流入市场。但是，对因标签、标志或者说明书不符合食品安全标准而被召回的食品，食品生产者在采取补救措施且能保证食品安全的情况下可以继续销售；销售时应当向消费者明示补救措施。

食品生产经营者应当将食品召回和处理情况向所在地县级人民政府食品安全监督管理部门报告；需要对召回的食品进行无害化处理、销毁的，应当提前报告时间、地点。食品安全监督管理部门认为必要的，可以实施现场监督。

食品生产经营者未依照本条规定召回或者停止经营的，县级以上人民政府食品安全监督管理部门可以责令其召回或者停止经营。

第六十四条　食用农产品批发市场应当配备检验设备和检验人员或者委托符合本法规定的食品检验机构，对进入该批发市场销售的食用农产品进行抽样检验；发现不符合食品安全标准的，应当要求销售者立即停止销售，并向食品安全监督管理部门报告。

第六十五条　食用农产品销售者应当建立食用农产品进货查验记录制度，如实记录食用农产品的名称、数量、进货日期以及供货者名称、地址、联系方式等内容，并保存相关凭证。记录和凭证保存期限不得少于六个月。

第六十六条　进入市场销售的食用农产品在包装、保鲜、贮存、运输中使用保鲜剂、防腐剂等食品添加剂和包装材料等食品相关产品，应当符合食品安全国家标准。

第三节　标签、说明书和广告

第六十七条　预包装食品的包装上应当有标签。标签应当标明下列事项：

（一）名称、规格、净含量、生产日期；

（二）成分或者配料表；

（三）生产者的名称、地址、联系方式；

（四）保质期；

（五）产品标准代号；

（六）贮存条件；

（七）所使用的食品添加剂在国家标准中的通用名称；

（八）生产许可证编号；

（九）法律、法规或者食品安全标准规定应当标明的其他事项。

专供婴幼儿和其他特定人群的主辅食品，其标签还应当标明主要营养成分及其含量。

食品安全国家标准对标签标注事项另有规定的，从其规定。

第六十八条 食品经营者销售散装食品，应当在散装食品的容器、外包装上标明食品的名称、生产日期或者生产批号、保质期以及生产经营者名称、地址、联系方式等内容。

第六十九条 生产经营转基因食品应当按照规定显著标示。

第七十条 食品添加剂应当有标签、说明书和包装。标签、说明书应当载明本法第六十七条第一款第一项至第六项、第八项、第九项规定的事项，以及食品添加剂的使用范围、用量、使用方法，并在标签上载明"食品添加剂"字样。

第七十一条 食品和食品添加剂的标签、说明书，不得含有虚假内容，不得涉及疾病预防、治疗功能。生产经营者对其提供的标签、说明书的内容负责。

食品和食品添加剂的标签、说明书应当清楚、明显，生产日期、保质期等事项应当显著标注，容易辨识。

食品和食品添加剂与其标签、说明书的内容不符的，不得上市销售。

第七十二条 食品经营者应当按照食品标签标示的警示标志、警示说明或者注意事项的要求销售食品。

第七十三条 食品广告的内容应当真实合法，不得含有虚假内容，不得涉及疾病预防、治疗功能。食品生产经营者对食品广告内容的真实性、合法性负责。

县级以上人民政府食品安全监督管理部门和其他有关部门以及食品检验机构、食品行业协会不得以广告或者其他形式向消费者推荐食品。消费者组织不得以收取费用或者其他牟取利益的方式向消费者推荐食品。

第四节　特殊食品

第七十四条　国家对保健食品、特殊医学用途配方食品和婴幼儿配方食品等特殊食品实行严格监督管理。

第七十五条　保健食品声称保健功能，应当具有科学依据，不得对人体产生急性、亚急性或者慢性危害。

保健食品原料目录和允许保健食品声称的保健功能目录，由国务院食品安全监督管理部门会同国务院卫生行政部门、国家中医药管理部门制定、调整并公布。

保健食品原料目录应当包括原料名称、用量及其对应的功效；列入保健食品原料目录的原料只能用于保健食品生产，不得用于其他食品生产。

第七十六条　使用保健食品原料目录以外原料的保健食品和首次进口的保健食品应当经国务院食品安全监督管理部门注册。但是，首次进口的保健食品中属于补充维生素、矿物质等营养物质的，应当报国务院食品安全监督管理部门备案。其他保健食品应当报省、自治区、直辖市人民政府食品安全监督管理部门备案。

进口的保健食品应当是出口国（地区）主管部门准许上市销售的产品。

第七十七条　依法应当注册的保健食品，注册时应当提交保健食品的研发报告、产品配方、生产工艺、安全性和保健功能评价、标签、说明书等材料及样品，并提供相关证明文件。国务院食品安全监督管理部门经组织技术审评，对符合安全和功能声称要求的，准予注册；对不符合要求的，不予注册并书面说明理由。对使用保健食品原料目录以外原料的保健食品作出准予注册决定的，应当及时将该原料纳入保健食品原料目录。

依法应当备案的保健食品，备案时应当提交产品配方、生产工艺、标签、说明书以及表明产品安全性和保健功能的材料。

第七十八条 保健食品的标签、说明书不得涉及疾病预防、治疗功能，内容应当真实，与注册或者备案的内容相一致，载明适宜人群、不适宜人群、功效成分或者标志性成分及其含量等，并声明"本品不能代替药物"。保健食品的功能和成分应当与标签、说明书相一致。

第七十九条 保健食品广告除应当符合本法第七十三条第一款的规定外，还应当声明"本品不能代替药物"；其内容应当经生产企业所在地省、自治区、直辖市人民政府食品安全监督管理部门审查批准，取得保健食品广告批准文件。省、自治区、直辖市人民政府食品安全监督管理部门应当公布并及时更新已经批准的保健食品广告目录以及批准的广告内容。

第八十条 特殊医学用途配方食品应当经国务院食品安全监督管理部门注册。注册时，应当提交产品配方、生产工艺、标签、说明书以及表明产品安全性、营养充足性和特殊医学用途临床效果的材料。

特殊医学用途配方食品广告适用《中华人民共和国广告法》和其他法律、行政法规关于药品广告管理的规定。

第八十一条 婴幼儿配方食品生产企业应当实施从原料进厂到成品出厂的全过程质量控制，对出厂的婴幼儿配方食品实施逐批检验，保证食品安全。

生产婴幼儿配方食品使用的生鲜乳、辅料等食品原料、食品添加剂等，应当符合法律、行政法规的规定和食品安全国家标准，保证婴幼儿生长发育所需的营养成分。

婴幼儿配方食品生产企业应当将食品原料、食品添加剂、产品配方及标签等事项向省、自治区、直辖市人民政府食品安全监督管理部门备案。

婴幼儿配方乳粉的产品配方应当经国务院食品安全监督管理部门注册。注册时，应当提交配方研发报告和其他表明配方科学性、安全性的材料。

不得以分装方式生产婴幼儿配方乳粉，同一企业不得用同一配方生产不同品牌的婴幼儿配方乳粉。

第八十二条 保健食品、特殊医学用途配方食品、婴幼儿配方乳粉的注册人或者备案人应当对其提交材料的真实性负责。

省级以上人民政府食品安全监督管理部门应当及时公布注册或者备案的保健食品、特殊医学用途配方食品、婴幼儿配方乳粉目录，并对注册或者备案中获知的企业商业秘密予以保密。

保健食品、特殊医学用途配方食品、婴幼儿配方乳粉生产企业应当按照注册或者备案的产品配方、生产工艺等技术要求组织生产。

第八十三条 生产保健食品，特殊医学用途配方食品、婴幼儿配方食品和其他专供特定人群的主辅食品的企业，应当按照良好生产规范的要求建立与所生产食品相适应的生产质量管理体系，定期对该体系的运行情况进行自查，保证其有效运行，并向所在地县级人民政府食品安全监督管理部门提交自查报告。

第五章 食品检验

第八十四条 食品检验机构按照国家有关认证认可的规定取得资质认定后，方可从事食品检验活动。但是，法律另有规定的除外。

食品检验机构的资质认定条件和检验规范，由国务院食品安全监督管理部门规定。

符合本法规定的食品检验机构出具的检验报告具有同等效力。

县级以上人民政府应当整合食品检验资源，实现资源共享。

第八十五条 食品检验由食品检验机构指定的检验人独立进行。

检验人应当依照有关法律、法规的规定，并按照食品安全标准和检验规范对食品进行检验，尊重科学，恪守职业道德，保证出具的检验数据和结论客观、公正，不得出具虚假检验报告。

第八十六条 食品检验实行食品检验机构与检验人负责制。食品检验报告应当加盖食品检验机构公章，并有检验人的签名或者盖章。食品检验机构和检验人对出具的食品检验报告负责。

第八十七条 县级以上人民政府食品安全监督管理部门应当对食品进行定期或者不定期的抽样检验，并依据有关规定公布检验结果，不得免检。进行抽样检验，应当购买抽取的样品，委托符合本法规定的食品检验机构进行检验，并支付相关费用；不得向食品生产经营者收取检验费和其他费用。

第八十八条 对依照本法规定实施的检验结论有异议的，食品生产经营者可以自收到检验结论之日起七个工作日内向实施抽样检验的食品安全监督管理部门或者其上一级食品安全监督管理部门提出复检申请，由受理复检申请的食品安全监督管理部门在公布的复检机构名录中随机确定复检机构进行复检。复检机构出具的复检结论为最终检验结论。复检机构与初检机构不得为同一机构。复检机构名录由国务院认证认可监督管理、食品安全监督管理、卫生行政、农业行政等部门共同公布。

采用国家规定的快速检测方法对食用农产品进行抽查检测，被抽查人对检测结果有异议的，可以自收到检测结果时起四小时内申请复检。复检不得采用快速检测方法。

第八十九条 食品生产企业可以自行对所生产的食品进行检验，也可以委托符合本法规定的食品检验机构进行检验。

食品行业协会和消费者协会等组织、消费者需要委托食品检验机构对食品进行检验的，应当委托符合本法规定的食品检验机构进行。

第九十条 食品添加剂的检验，适用本法有关食品检验的规定。

第六章 食品进出口

第九十一条 国家出入境检验检疫部门对进出口食品安全实施监督管理。

第九十二条 进口的食品、食品添加剂、食品相关产品应当符合我国食品安全国家标准。

进口的食品、食品添加剂应当经出入境检验检疫机构依照进出口商品检验相关法律、行政法规的规定检验合格。

进口的食品、食品添加剂应当按照国家出入境检验检疫部门的要求随附合格证明材料。

第九十三条 进口尚无食品安全国家标准的食品，由境外出口商、境外生产企业或者其委托的进口商向国务院卫生行政部门提交所执行的相关国家（地区）标准或者国际标准。国务院卫生行政部门对相关标准进行审查，认为符合食品安全要求的，决定暂予适用，并及时制定相应的食品安全国家标准。进口利用新的食品原料生产的食品或者进口食品添加剂新品种、食品相关产品新品种，依照本法第三十七条的规定办理。

出入境检验检疫机构按照国务院卫生行政部门的要求，对前款规定的食品、食品添加剂、食品相关产品进行检验。检验结果应当公开。

第九十四条 境外出口商、境外生产企业应当保证向我国出口的食品、食品添加剂、食品相关产品符合本法以及我国其他有关法律、行政法规的规定和食品安全国家标准的要求，并对标签、说明书的内容负责。

进口商应当建立境外出口商、境外生产企业审核制度，重点审核前款规定的内容；审核不合格的，不得进口。

发现进口食品不符合我国食品安全国家标准或者有证据证明可能危害人体健康的，进口商应当立即停止进口，并依照本法第六十三条的规定召回。

第九十五条 境外发生的食品安全事件可能对我国境内造成影响，或者在进口食品、食品添加剂、食品相关产品中发现严重食品安全问题的，国家出入境检验检疫部门应当及时采取风险预警或者控制措施，并向国务院食品安全监督管理、卫生行政、农业行政部门通报。接到通报的部门应当及时采取相应措施。

县级以上人民政府食品安全监督管理部门对国内市场上销售的进口食品、食品添加剂实施监督管理。发现存在严重食品安全问题的，国务院食品安全监督管理部门应当及时向国家出入境检验检疫部门通报。国家出入境检验检疫部门应当及时采取相应措施。

第九十六条 向我国境内出口食品的境外出口商或者代理商、进口食品的进口商应当向国家出入境检验检疫部门备案。向我国境内出口食品的境外食品生产企业应当经国家出入境检验检疫部门注册。已经注册的境外食品生产企业提供虚假材料，或者因其自身的原因致使进口食品发生重大食品安全事故的，国家出入境检验检疫部门应当撤销注册并公告。

国家出入境检验检疫部门应当定期公布已经备案的境外出口商、代理商、进口商和已经注册的境外食品生产企业名单。

第九十七条 进口的预包装食品、食品添加剂应当有中文标签；依法应当有说明书的，还应当有中文说明书。标签、说明书应当符合本法以及我国其他有关法律、行政法规的规定和食品安全国家标准的要求，并载明食品的原产地以及境内代理商的名称、地址、联系方式。预包装食品没有中文标签、中文说明书或者标签、说明书不符合本条规定的，不得进口。

第九十八条　进口商应当建立食品、食品添加剂进口和销售记录制度，如实记录食品、食品添加剂的名称、规格、数量、生产日期、生产或者进口批号、保质期、境外出口商和购货者名称、地址及联系方式、交货日期等内容，并保存相关凭证。记录和凭证保存期限应当符合本法第五十条第二款的规定。

第九十九条　出口食品生产企业应当保证其出口食品符合进口国（地区）的标准或者合同要求。

出口食品生产企业和出口食品原料种植、养殖场应当向国家出入境检验检疫部门备案。

第一百条　国家出入境检验检疫部门应当收集、汇总下列进出口食品安全信息，并及时通报相关部门、机构和企业：

（一）出入境检验检疫机构对进出口食品实施检验检疫发现的食品安全信息；

（二）食品行业协会和消费者协会等组织、消费者反映的进口食品安全信息；

（三）国际组织、境外政府机构发布的风险预警信息及其他食品安全信息，以及境外食品行业协会等组织、消费者反映的食品安全信息；

（四）其他食品安全信息。

国家出入境检验检疫部门应当对进出口食品的进口商、出口商和出口食品生产企业实施信用管理，建立信用记录，并依法向社会公布。对有不良记录的进口商、出口商和出口食品生产企业，应当加强对其进出口食品的检验检疫。

第一百零一条　国家出入境检验检疫部门可以对向我国境内出

口食品的国家（地区）的食品安全管理体系和食品安全状况进行评估和审查，并根据评估和审查结果，确定相应检验检疫要求。

第七章　食品安全事故处置

第一百零二条　国务院组织制定国家食品安全事故应急预案。

县级以上地方人民政府应当根据有关法律、法规的规定和上级人民政府的食品安全事故应急预案以及本行政区域的实际情况，制定本行政区域的食品安全事故应急预案，并报上一级人民政府备案。

食品安全事故应急预案应当对食品安全事故分级、事故处置组织指挥体系与职责、预防预警机制、处置程序、应急保障措施等作出规定。

食品生产经营企业应当制定食品安全事故处置方案，定期检查本企业各项食品安全防范措施的落实情况，及时消除事故隐患。

第一百零三条　发生食品安全事故的单位应当立即采取措施，防止事故扩大。事故单位和接收病人进行治疗的单位应当及时向事故发生地县级人民政府食品安全监督管理、卫生行政部门报告。

县级以上人民政府农业行政等部门在日常监督管理中发现食品安全事故或者接到事故举报，应当立即向同级食品安全监督管理部门通报。

发生食品安全事故，接到报告的县级人民政府食品安全监督管理部门应当按照应急预案的规定向本级人民政府和上级人民政府食品安全监督管理部门报告。县级人民政府和上级人民政府食品安全监督管理部门应当按照应急预案的规定上报。

任何单位和个人不得对食品安全事故隐瞒、谎报、缓报，不得隐匿、伪造、毁灭有关证据。

第一百零四条　医疗机构发现其接收的病人属于食源性疾病病

人或者疑似病人的，应当按照规定及时将相关信息向所在地县级人民政府卫生行政部门报告。县级人民政府卫生行政部门认为与食品安全有关的，应当及时通报同级食品安全监督管理部门。

县级以上人民政府卫生行政部门在调查处理传染病或者其他突发公共卫生事件中发现与食品安全相关的信息，应当及时通报同级食品安全监督管理部门。

第一百零五条　县级以上人民政府食品安全监督管理部门接到食品安全事故的报告后，应当立即会同同级卫生行政、农业行政等部门进行调查处理，并采取下列措施，防止或者减轻社会危害：

（一）开展应急救援工作，组织救治因食品安全事故导致人身伤害的人员；

（二）封存可能导致食品安全事故的食品及其原料，并立即进行检验；对确认属于被污染的食品及其原料，责令食品生产经营者依照本法第六十三条的规定召回或者停止经营；

（三）封存被污染的食品相关产品，并责令进行清洗消毒；

（四）做好信息发布工作，依法对食品安全事故及其处理情况进行发布，并对可能产生的危害加以解释、说明。

发生食品安全事故需要启动应急预案的，县级以上人民政府应当立即成立事故处置指挥机构，启动应急预案，依照前款和应急预案的规定进行处置。

发生食品安全事故，县级以上疾病预防控制机构应当对事故现场进行卫生处理，并对与事故有关的因素开展流行病学调查，有关部门应当予以协助。县级以上疾病预防控制机构应当向同级食品安全监督管理、卫生行政部门提交流行病学调查报告。

第一百零六条　发生食品安全事故，设区的市级以上人民政府食品安全监督管理部门应当立即会同有关部门进行事故责任调查，督促有关部门履行职责，向本级人民政府和上一级人民政府食品安全监督管理部门提出事故责任调查处理报告。

涉及两个以上省、自治区、直辖市的重大食品安全事故由国务院食品安全监督管理部门依照前款规定组织事故责任调查。

第一百零七条 调查食品安全事故，应当坚持实事求是、尊重科学的原则，及时、准确查清事故性质和原因，认定事故责任，提出整改措施。

调查食品安全事故，除了查明事故单位的责任，还应当查明有关监督管理部门、食品检验机构、认证机构及其工作人员的责任。

第一百零八条 食品安全事故调查部门有权向有关单位和个人了解与事故有关的情况，并要求提供相关资料和样品。有关单位和个人应当予以配合，按照要求提供相关资料和样品，不得拒绝。

任何单位和个人不得阻挠、干涉食品安全事故的调查处理。

第八章　监督管理

第一百零九条 县级以上人民政府食品安全监督管理部门根据食品安全风险监测、风险评估结果和食品安全状况等，确定监督管理的重点、方式和频次，实施风险分级管理。

县级以上地方人民政府组织本级食品安全监督管理、农业行政等部门制定本行政区域的食品安全年度监督管理计划，向社会公布并组织实施。

食品安全年度监督管理计划应当将下列事项作为监督管理的重点：

（一）专供婴幼儿和其他特定人群的主辅食品；

（二）保健食品生产过程中的添加行为和按照注册或者备案的技术要求组织生产的情况，保健食品标签、说明书以及宣传材料中有关功能宣传的情况；

（三）发生食品安全事故风险较高的食品生产经营者；

（四）食品安全风险监测结果表明可能存在食品安全隐患的

事项。

第一百一十条　县级以上人民政府食品安全监督管理部门履行食品安全监督管理职责，有权采取下列措施，对生产经营者遵守本法的情况进行监督检查：

（一）进入生产经营场所实施现场检查；

（二）对生产经营的食品、食品添加剂、食品相关产品进行抽样检验；

（三）查阅、复制有关合同、票据、账簿以及其他有关资料；

（四）查封、扣押有证据证明不符合食品安全标准或者有证据证明存在安全隐患以及用于违法生产经营的食品、食品添加剂、食品相关产品；

（五）查封违法从事生产经营活动的场所。

第一百一十一条　对食品安全风险评估结果证明食品存在安全隐患，需要制定、修订食品安全标准的，在制定、修订食品安全标准前，国务院卫生行政部门应当及时会同国务院有关部门规定食品中有害物质的临时限量值和临时检验方法，作为生产经营和监督管理的依据。

第一百一十二条　县级以上人民政府食品安全监督管理部门在食品安全监督管理工作中可以采用国家规定的快速检测方法对食品进行抽查检测。

对抽查检测结果表明可能不符合食品安全标准的食品，应当依照本法第八十七条的规定进行检验。抽查检测结果确定有关食品不符合食品安全标准的，可以作为行政处罚的依据。

第一百一十三条　县级以上人民政府食品安全监督管理部门应当建立食品生产经营者食品安全信用档案，记录许可颁发、日常监督检查结果、违法行为查处等情况，依法向社会公布并实时更新；对有不良信用记录的食品生产经营者增加监督检查频次，对违法行为情节严重的食品生产经营者，可以通报投资主管部门、证券监督管理机构和有关的金融机构。

第一百一十四条　食品生产经营过程中存在食品安全隐患，未及时采取措施消除的，县级以上人民政府食品安全监督管理部门可以对食品生产经营者的法定代表人或者主要负责人进行责任约谈。食品生产经营者应当立即采取措施，进行整改，消除隐患。责任约谈情况和整改情况应当纳入食品生产经营者食品安全信用档案。

第一百一十五条　县级以上人民政府食品安全监督管理等部门应当公布本部门的电子邮件地址或者电话，接受咨询、投诉、举报。接到咨询、投诉、举报，对属于本部门职责的，应当受理并在法定期限内及时答复、核实、处理；对不属于本部门职责的，应当移交有权处理的部门并书面通知咨询、投诉、举报人。有权处理的部门应当在法定期限内及时处理，不得推诿。对查证属实的举报，给予举报人奖励。

有关部门应当对举报人的信息予以保密，保护举报人的合法权益。举报人举报所在企业的，该企业不得以解除、变更劳动合同或者其他方式对举报人进行打击报复。

第一百一十六条　县级以上人民政府食品安全监督管理等部门应当加强对执法人员食品安全法律、法规、标准和专业知识与执法能力等的培训，并组织考核。不具备相应知识和能力的，不得从事食品安全执法工作。

食品生产经营者、食品行业协会、消费者协会等发现食品安全执法人员在执法过程中有违反法律、法规规定的行为以及不规范执法行为的，可以向本级或者上级人民政府食品安全监督管理等部门或者监察机关投诉、举报。接到投诉、举报的部门或者机关应当进行核实，并将经核实的情况向食品安全执法人员所在部门通报；涉嫌违法违纪的，按照本法和有关规定处理。

第一百一十七条　县级以上人民政府食品安全监督管理等部门未及时发现食品安全系统性风险，未及时消除监督管理区域内的食品安全隐患的，本级人民政府可以对其主要负责人进行责任约谈。

地方人民政府未履行食品安全职责，未及时消除区域性重大食品安全隐患的，上级人民政府可以对其主要负责人进行责任约谈。

被约谈的食品安全监督管理等部门、地方人民政府应当立即采取措施，对食品安全监督管理工作进行整改。

责任约谈情况和整改情况应当纳入地方人民政府和有关部门食品安全监督管理工作评议、考核记录。

第一百一十八条　国家建立统一的食品安全信息平台，实行食品安全信息统一公布制度。国家食品安全总体情况、食品安全风险警示信息、重大食品安全事故及其调查处理信息和国务院确定需要统一公布的其他信息由国务院食品安全监督管理部门统一公布。食品安全风险警示信息和重大食品安全事故及其调查处理信息的影响限于特定区域的，也可以由有关省、自治区、直辖市人民政府食品安全监督管理部门公布。未经授权不得发布上述信息。

县级以上人民政府食品安全监督管理、农业行政部门依据各自职责公布食品安全日常监督管理信息。

公布食品安全信息，应当做到准确、及时，并进行必要的解释说明，避免误导消费者和社会舆论。

第一百一十九条　县级以上地方人民政府食品安全监督管理、卫生行政、农业行政部门获知本法规定需要统一公布的信息，应当向上级主管部门报告，由上级主管部门立即报告国务院食品安全监督管理部门；必要时，可以直接向国务院食品安全监督管理部门报告。

县级以上人民政府食品安全监督管理、卫生行政、农业行政部门应当相互通报获知的食品安全信息。

第一百二十条　任何单位和个人不得编造、散布虚假食品安全信息。

县级以上人民政府食品安全监督管理部门发现可能误导消费者

和社会舆论的食品安全信息，应当立即组织有关部门、专业机构、相关食品生产经营者等进行核实、分析，并及时公布结果。

第一百二十一条 县级以上人民政府食品安全监督管理等部门发现涉嫌食品安全犯罪的，应当按照有关规定及时将案件移送公安机关。对移送的案件，公安机关应当及时审查；认为有犯罪事实需要追究刑事责任的，应当立案侦查。

公安机关在食品安全犯罪案件侦查过程中认为没有犯罪事实，或者犯罪事实显著轻微，不需要追究刑事责任，但依法应当追究行政责任的，应当及时将案件移送食品安全监督管理等部门和监察机关，有关部门应当依法处理。

公安机关商请食品安全监督管理、生态环境等部门提供检验结论、认定意见以及对涉案物品进行无害化处理等协助的，有关部门应当及时提供，予以协助。

第九章　法律责任

第一百二十二条 违反本法规定，未取得食品生产经营许可从事食品生产经营活动，或者未取得食品添加剂生产许可从事食品添加剂生产活动的，由县级以上人民政府食品安全监督管理部门没收违法所得和违法生产经营的食品、食品添加剂以及用于违法生产经营的工具、设备、原料等物品；违法生产经营的食品、食品添加剂货值金额不足一万元的，并处五万元以上十万元以下罚款；货值金额一万元以上的，并处货值金额十倍以上二十倍以下罚款。

明知从事前款规定的违法行为，仍为其提供生产经营场所或者其他条件的，由县级以上人民政府食品安全监督管理部门责令停止违法行为，没收违法所得，并处五万元以上十万元以下罚款；使消费者的合法权益受到损害的，应当与食品、食品添加剂生产经营者承担连带责任。

第一百二十三条　违反本法规定，有下列情形之一，尚不构成犯罪的，由县级以上人民政府食品安全监督管理部门没收违法所得和违法生产经营的食品，并可以没收用于违法生产经营的工具、设备、原料等物品；违法生产经营的食品货值金额不足一万元的，并处十万元以上十五万元以下罚款；货值金额一万元以上的，并处货值金额十五倍以上三十倍以下罚款；情节严重的，吊销许可证，并可以由公安机关对其直接负责的主管人员和其他直接责任人员处五日以上十五日以下拘留：

（一）用非食品原料生产食品、在食品中添加食品添加剂以外的化学物质和其他可能危害人体健康的物质，或者用回收食品作为原料生产食品，或者经营上述食品；

（二）生产经营营养成分不符合食品安全标准的专供婴幼儿和其他特定人群的主辅食品；

（三）经营病死、毒死或者死因不明的禽、畜、兽、水产动物肉类，或者生产经营其制品；

（四）经营未按规定进行检疫或者检疫不合格的肉类，或者生产经营未经检验或者检验不合格的肉类制品；

（五）生产经营国家为防病等特殊需要明令禁止生产经营的食品；

（六）生产经营添加药品的食品。

明知从事前款规定的违法行为，仍为其提供生产经营场所或者其他条件的，由县级以上人民政府食品安全监督管理部门责令停止违法行为，没收违法所得，并处十万元以上二十万元以下罚款；使消费者的合法权益受到损害的，应当与食品生产经营者承担连带责任。

违法使用剧毒、高毒农药的，除依照有关法律、法规规定给予处罚外，可以由公安机关依照第一款规定给予拘留。

第一百二十四条　违反本法规定，有下列情形之一，尚不构成犯罪的，由县级以上人民政府食品安全监督管理部门没收违法所得和违法生产经营的食品、食品添加剂，并可以没收用于违法生产经营的工具、设备、原料等物品；违法生产经营的食品、食品添加剂货值金额不足一万元的，并处五万元以上十万元以下罚款；货值金额一万元以上的，并处货值金额十倍以上二十倍以下罚款；情节严重的，吊销许可证：

（一）生产经营致病性微生物，农药残留、兽药残留、生物毒素、重金属等污染物质以及其他危害人体健康的物质含量超过食品安全标准限量的食品、食品添加剂；

（二）用超过保质期的食品原料、食品添加剂生产食品、食品添加剂，或者经营上述食品、食品添加剂；

（三）生产经营超范围、超限量使用食品添加剂的食品；

（四）生产经营腐败变质、油脂酸败、霉变生虫、污秽不洁、混有异物、掺假掺杂或者感官性状异常的食品、食品添加剂；

（五）生产经营标注虚假生产日期、保质期或者超过保质期的食品、食品添加剂；

（六）生产经营未按规定注册的保健食品、特殊医学用途配方食品、婴幼儿配方乳粉，或者未按注册的产品配方、生产工艺等技术要求组织生产；

（七）以分装方式生产婴幼儿配方乳粉，或者同一企业以同一配方生产不同品牌的婴幼儿配方乳粉；

（八）利用新的食品原料生产食品，或者生产食品添加剂新品种，未通过安全性评估；

（九）食品生产经营者在食品安全监督管理部门责令其召回或者停止经营后，仍拒不召回或者停止经营。

除前款和本法第一百二十三条、第一百二十五条规定的情形外，生产经营不符合法律、法规或者食品安全标准的食品、食品添加剂的，依照前款规定给予处罚。

生产食品相关产品新品种，未通过安全性评估，或者生产不符合食品安全标准的食品相关产品的，由县级以上人民政府食品安全监督管理部门依照第一款规定给予处罚。

第一百二十五条　违反本法规定，有下列情形之一的，由县级以上人民政府食品安全监督管理部门没收违法所得和违法生产经营的食品、食品添加剂，并可以没收用于违法生产经营的工具、设备、原料等物品；违法生产经营的食品、食品添加剂货值金额不足一万元的，并处五千元以上五万元以下罚款；货值金额一万元以上的，并处货值金额五倍以上十倍以下罚款；情节严重的，责令停产停业，直至吊销许可证：

（一）生产经营被包装材料、容器、运输工具等污染的食品、食品添加剂；

（二）生产经营无标签的预包装食品、食品添加剂或者标签、说明书不符合本法规定的食品、食品添加剂；

（三）生产经营转基因食品未按规定进行标示；

（四）食品生产经营者采购或者使用不符合食品安全标准的食品原料、食品添加剂、食品相关产品。

生产经营的食品、食品添加剂的标签、说明书存在瑕疵但不影响食品安全且不会对消费者造成误导的，由县级以上人民政府食品安全监督管理部门责令改正；拒不改正的，处二千元以下罚款。

第一百二十六条　违反本法规定，有下列情形之一的，由县级以上人民政府食品安全监督管理部门责令改正，给予警告；拒不改正的，处五千元以上五万元以下罚款；情节严重的，责令停产停业，直至吊销许可证：

（一）食品、食品添加剂生产者未按规定对采购的食品原料和生产的食品、食品添加剂进行检验；

（二）食品生产经营企业未按规定建立食品安全管理制度，或者未按规定配备或者培训、考核食品安全管理人员；

（三）食品、食品添加剂生产经营者进货时未查验许可证和相关证明文件，或者未按规定建立并遵守进货查验记录、出厂检验记录和销售记录制度；

（四）食品生产经营企业未制定食品安全事故处置方案；

（五）餐具、饮具和盛放直接入口食品的容器，使用前未经洗净、消毒或者清洗消毒不合格，或者餐饮服务设施、设备未按规定定期维护、清洗、校验；

（六）食品生产经营者安排未取得健康证明或者患有国务院卫生行政部门规定的有碍食品安全疾病的人员从事接触直接入口食品的工作；

（七）食品经营者未按规定要求销售食品；

（八）保健食品生产企业未按规定向食品安全监督管理部门备案，或者未按备案的产品配方、生产工艺等技术要求组织生产；

（九）婴幼儿配方食品生产企业未将食品原料、食品添加剂、产品配方、标签等向食品安全监督管理部门备案；

（十）特殊食品生产企业未按规定建立生产质量管理体系并有效运行，或者未定期提交自查报告；

（十一）食品生产经营者未定期对食品安全状况进行检查评价，或者生产经营条件发生变化，未按规定处理；

（十二）学校、托幼机构、养老机构、建筑工地等集中用餐单位未按规定履行食品安全管理责任；

（十三）食品生产企业、餐饮服务提供者未按规定制定、实施生产经营过程控制要求。

餐具、饮具集中消毒服务单位违反本法规定用水，使用洗涤剂、消毒剂，或者出厂的餐具、饮具未按规定检验合格并随附消毒合格证明，或者未按规定在独立包装上标注相关内容的，由县级以上人民政府卫生行政部门依照前款规定给予处罚。

食品相关产品生产者未按规定对生产的食品相关产品进行检验

的，由县级以上人民政府食品安全监督管理部门依照第一款规定给予处罚。

食用农产品销售者违反本法第六十五条规定的，由县级以上人民政府食品安全监督管理部门依照第一款规定给予处罚。

第一百二十七条 对食品生产加工小作坊、食品摊贩等的违法行为的处罚，依照省、自治区、直辖市制定的具体管理办法执行。

第一百二十八条 违反本法规定，事故单位在发生食品安全事故后未进行处置、报告的，由有关主管部门按照各自职责分工责令改正，给予警告；隐匿、伪造、毁灭有关证据的，责令停产停业，没收违法所得，并处十万元以上五十万元以下罚款；造成严重后果的，吊销许可证。

第一百二十九条 违反本法规定，有下列情形之一的，由出入境检验检疫机构依照本法第一百二十四条的规定给予处罚：

（一）提供虚假材料，进口不符合我国食品安全国家标准的食品、食品添加剂、食品相关产品；

（二）进口尚无食品安全国家标准的食品，未提交所执行的标准并经国务院卫生行政部门审查，或者进口利用新的食品原料生产的食品或者进口食品添加剂新品种、食品相关产品新品种，未通过安全性评估；

（三）未遵守本法的规定出口食品；

（四）进口商在有关主管部门责令其依照本法规定召回进口的食品后，仍拒不召回。

违反本法规定，进口商未建立并遵守食品、食品添加剂进口和销售记录制度、境外出口商或者生产企业审核制度的，由出入境检验检疫机构依照本法第一百二十六条的规定给予处罚。

第一百三十条 违反本法规定，集中交易市场的开办者、柜台出租者、展销会的举办者允许未依法取得许可的食品经营者进入市场销售食品，或者未履行检查、报告等义务的，由县级以上人民政府食品安全监督管理部门责令改正，没收违法所得，并处五万元以上二十万元以下罚款；造成严重后果的，责令停业，直至由原发证部门吊销许可证；使消费者的合法权益受到损害的，应当与食品经营者承担连带责任。

食用农产品批发市场违反本法第六十四条规定的，依照前款规定承担责任。

第一百三十一条 违反本法规定，网络食品交易第三方平台提供者未对入网食品经营者进行实名登记、审查许可证，或者未履行报告、停止提供网络交易平台服务等义务的，由县级以上人民政府食品安全监督管理部门责令改正，没收违法所得，并处五万元以上二十万元以下罚款；造成严重后果的，责令停业，直至由原发证部门吊销许可证；使消费者的合法权益受到损害的，应当与食品经营者承担连带责任。

消费者通过网络食品交易第三方平台购买食品，其合法权益受到损害的，可以向入网食品经营者或者食品生产者要求赔偿。网络食品交易第三方平台提供者不能提供入网食品经营者的真实名称、地址和有效联系方式的，由网络食品交易第三方平台提供者赔偿。网络食品交易第三方平台提供者赔偿后，有权向入网食品经营者或者食品生产者追偿。网络食品交易第三方平台提供者作出更有利于消费者承诺的，应当履行其承诺。

第一百三十二条 违反本法规定，未按要求进行食品贮存、运输和装卸的，由县级以上人民政府食品安全监督管理等部门按照各自职责分工责令改正，给予警告；拒不改正的，责令停产停业，并处一万元以上五万元以下罚款；情节严重的，吊销许可证。

第一百三十三条 违反本法规定，拒绝、阻挠、干涉有关部门、机构及其工作人员依法开展食品安全监督检查、事故调查处理、风险监测和风险评估的，由有关主管部门按照各自职责分工责令停产停业，并处二千元以上五万元以下罚款；情节严重的，吊销许可证；构成违反治安管理行为的，由公安机关依法给予治安管理处罚。

违反本法规定，对举报人以解除、变更劳动合同或者其他方式打击报复的，应当依照有关法律的规定承担责任。

第一百三十四条 食品生产经营者在一年内累计三次因违反本法规定受到责令停产停业、吊销许可证以外处罚的，由食品安全监督管理部门责令停产停业，直至吊销许可证。

第一百三十五条 被吊销许可证的食品生产经营者及其法定代表人、直接负责的主管人员和其他直接责任人员自处罚决定作出之日起五年内不得申请食品生产经营许可，或者从事食品生产经营管理工作、担任食品生产经营企业食品安全管理人员。

因食品安全犯罪被判处有期徒刑以上刑罚的，终身不得从事食品生产经营管理工作，也不得担任食品生产经营企业食品安全管理人员。

食品生产经营者聘用人员违反前两款规定的，由县级以上人民政府食品安全监督管理部门吊销许可证。

第一百三十六条 食品经营者履行了本法规定的进货查验等义务，有充分证据证明其不知道所采购的食品不符合食品安全标准，并能如实说明其进货来源的，可以免予处罚，但应当依法没收其不符合食品安全标准的食品；造成人身、财产或者其他损害的，依法承担赔偿责任。

第一百三十七条 违反本法规定，承担食品安全风险监测、风险评估工作的技术机构、技术人员提供虚假监测、评估信息的，依法对技术机构直接负责的主管人员和技术人员给予撤职、开除处分；有执业资格的，由授予其资格的主管部门吊销执业证书。

第一百三十八条 违反本法规定，食品检验机构、食品检验人员出具虚假检验报告的，由授予其资质的主管部门或者机构撤销该食品检验机构的检验资质，没收所收取的检验费用，并处检验费用五倍以上十倍以下罚款，检验费用不足一万元的，并处五万元以上十万元以下罚款；依法对食品检验机构直接负责的主管人员和食品检验人员给予撤职或者开除处分；导致发生重大食品安全事故的，对直接负责的主管人员和食品检验人员给予开除处分。

违反本法规定，受到开除处分的食品检验机构人员，自处分决定作出之日起十年内不得从事食品检验工作；因食品安全违法行为受到刑事处罚或者因出具虚假检验报告导致发生重大食品安全事故受到开除处分的食品检验机构人员，终身不得从事食品检验工作。食品检验机构聘用不得从事食品检验工作的人员的，由授予其资质的主管部门或者机构撤销该食品检验机构的检验资质。

食品检验机构出具虚假检验报告，使消费者的合法权益受到损害的，应当与食品生产经营者承担连带责任。

第一百三十九条　违反本法规定，认证机构出具虚假认证结论，由认证认可监督管理部门没收所收取的认证费用，并处认证费用五倍以上十倍以下罚款，认证费用不足一万元的，并处五万元以上十万元以下罚款；情节严重的，责令停业，直至撤销认证机构批准文件，并向社会公布；对直接负责的主管人员和负有直接责任的认证人员，撤销其执业资格。

认证机构出具虚假认证结论，使消费者的合法权益受到损害的，应当与食品生产经营者承担连带责任。

第一百四十条　违反本法规定，在广告中对食品作虚假宣传，欺骗消费者，或者发布未取得批准文件、广告内容与批准文件不一致的保健食品广告的，依照《中华人民共和国广告法》的规定给予处罚。

广告经营者、发布者设计、制作、发布虚假食品广告，使消费者的合法权益受到损害的，应当与食品生产经营者承担连带责任。

社会团体或者其他组织、个人在虚假广告或者其他虚假宣传中向消费者推荐食品，使消费者的合法权益受到损害的，应当与食品生产经营者承担连带责任。

违反本法规定，食品安全监督管理等部门、食品检验机构、食品行业协会以广告或者其他形式向消费者推荐食品，消费者组织以收取费用或者其他牟取利益的方式向消费者推荐食品的，由有关主管部门没收违法所得，依法对直接负责的主管人员和其他直接责任人员给予记大过、降级或者撤职处分；情节严重的，给予开除处分。

对食品作虚假宣传且情节严重的，由省级以上人民政府食品安全监督管理部门决定暂停销售该食品，并向社会公布；仍然销售该食品的，由县级以上人民政府食品安全监督管理部门没收违法所得和违法销售的食品，并处二万元以上五万元以下罚款。

第一百四十一条　违反本法规定，编造、散布虚假食品安全信息，构成违反治安管理行为的，由公安机关依法给予治安管理处罚。

媒体编造、散布虚假食品安全信息的，由有关主管部门依法给予处罚，并对直接负责的主管人员和其他直接责任人员给予处分；使公民、法人或者其他组织的合法权益受到损害的，依法承担消除影响、恢复名誉、赔偿损失、赔礼道歉等民事责任。

第一百四十二条　违反本法规定，县级以上地方人民政府有下列行为之一的，对直接负责的主管人员和其他直接责任人员给予记大过处分；情节较重的，给予降级或者撤职处分；情节严重的，给予开除处分；造成严重后果的，其主要负责人还应当引咎辞职：

（一）对发生在本行政区域内的食品安全事故，未及时组织协调有关部门开展有效处置，造成不良影响或者损失；

（二）对本行政区域内涉及多环节的区域性食品安全问题，未及时组织整治，造成不良影响或者损失；

（三）隐瞒、谎报、缓报食品安全事故；

（四）本行政区域内发生特别重大食品安全事故，或者连续发生重大食品安全事故。

第一百四十三条　违反本法规定，县级以上地方人民政府有下列行为之一的，对直接负责的主管人员和其他直接责任人员给予警告、记过或者记大过处分；造成严重后果的，给予降级或者撤职处分：

（一）未确定有关部门的食品安全监督管理职责，未建立健全食品安全全程监督管理工作机制和信息共享机制，未落实食品安全监督管理责任制；

（二）未制定本行政区域的食品安全事故应急预案，或者发生食品安全事故后未按规定立即成立事故处置指挥机构、启动应急预案。

第一百四十四条　违反本法规定，县级以上人民政府食品安全监督管理、卫生行政、农业行政等部门有下列行为之一的，对直接负责的主管人员和其他直接责任人员给予记大过处分；情节较重的，给予降级或者撤职处分；情节严重的，给予开除处分；造成严重后果的，其主要负责人还应当引咎辞职：

（一）隐瞒、谎报、缓报食品安全事故；

（二）未按规定查处食品安全事故，或者接到食品安全事故报告未及时处理，造成事故扩大或者蔓延；

（三）经食品安全风险评估得出食品、食品添加剂、食品相关产品不安全结论后，未及时采取相应措施，造成食品安全事故或者不良社会影响；

（四）对不符合条件的申请人准予许可，或者超越法定职权准予许可；

（五）不履行食品安全监督管理职责，导致发生食品安全事故。

第一百四十五条　违反本法规定，县级以上人民政府食品安全监督管理、卫生行政、农业行政等部门有下列行为之一，造成不良后果的，对直接负责的主管人员和其他直接责任人员给予警告、记过或者记大过处分；情节较重的，给予降级或者撤职处分；情节严重的，给予开除处分：

（一）在获知有关食品安全信息后，未按规定向上级主管部门和本级人民政府报告，或者未按规定相互通报；

（二）未按规定公布食品安全信息；

（三）不履行法定职责，对查处食品安全违法行为不配合，或者滥用职权、玩忽职守、徇私舞弊。

第一百四十六条　食品安全监督管理等部门在履行食品安全监督管理职责过程中，违法实施检查、强制等执法措施，给生产经营者造成损失的，应当依法予以赔偿，对直接负责的主管人员和其他直接责任人员依法给予处分。

第一百四十七条　违反本法规定，造成人身、财产或者其他损害的，依法承担赔偿责任。生产经营者财产不足以同时承担民事赔偿责任和缴纳罚款、罚金时，先承担民事赔偿责任。

第一百四十八条　消费者因不符合食品安全标准的食品受到损害的，可以向经营者要求赔偿损失，也可以向生产者要求赔偿损失。接到消费者赔偿要求的生产经营者，应当实行首负责任制，先行赔付，不得推诿；属于生产者责任的，经营者赔偿后有权向生产者追偿；属于经营者责任的，生产者赔偿后有权向经营者追偿。

生产不符合食品安全标准的食品或者经营明知是不符合食品安全标准的食品，消费者除要求赔偿损失外，还可以向生产者或者经营者要求支付价款十倍或者损失三倍的赔偿金；增加赔偿的金额不足一千元的，为一千元。但是，食品的标签、说明书存在不影响食品安全且不会对消费者造成误导的瑕疵的除外。

第一百四十九条　违反本法规定，构成犯罪的，依法追究刑事责任。

第十章 附 则

第一百五十条 本法下列用语的含义：

食品，指各种供人食用或者饮用的成品和原料以及按照传统既是食品又是中药材的物品，但是不包括以治疗为目的的物品。

食品安全，指食品无毒、无害，符合应当有的营养要求，对人体健康不造成任何急性、亚急性或者慢性危害。

预包装食品，指预先定量包装或者制作在包装材料、容器中的食品。

食品添加剂，指为改善食品品质和色、香、味以及为防腐、保鲜和加工工艺的需要而加入食品中的人工合成或者天然物质，包括营养强化剂。

用于食品的包装材料和容器，指包装、盛放食品或者食品添加剂用的纸、竹、木、金属、搪瓷、陶瓷、塑料、橡胶、天然纤维、化学纤维、玻璃等制品和直接接触食品或者食品添加剂的涂料。

用于食品生产经营的工具、设备，指在食品或者食品添加剂生产、销售、使用过程中直接接触食品或者食品添加剂的机械、管道、传送带、容器、用具、餐具等。

用于食品的洗涤剂、消毒剂，指直接用于洗涤或者消毒食品、餐具、饮具以及直接接触食品的工具、设备或者食品包装材料和容器的物质。

食品保质期，指食品在标明的贮存条件下保持品质的期限。

食源性疾病，指食品中致病因素进入人体引起的感染性、中毒性等疾病，包括食物中毒。

食品安全事故，指食源性疾病、食品污染等源于食品，对人体健康有危害或者可能有危害的事故。

第一百五十一条 转基因食品和食盐的食品安全管理，本法未作规定的，适用其他法律、行政法规的规定。

第一百五十二条　铁路、民航运营中食品安全的管理办法由国务院食品安全监督管理部门会同国务院有关部门依照本法制定。

保健食品的具体管理办法由国务院食品安全监督管理部门依照本法制定。

食品相关产品生产活动的具体管理办法由国务院食品安全监督管理部门依照本法制定。

国境口岸食品的监督管理由出入境检验检疫机构依照本法以及有关法律、行政法规的规定实施。

军队专用食品和自供食品的食品安全管理办法由中央军事委员会依照本法制定。

第一百五十三条　国务院根据实际需要，可以对食品安全监督管理体制作出调整。

第一百五十四条　本法自 2015 年 10 月 1 日起施行。

中华人民共和国食品安全法实施条例

（2009 年 7 月 20 日中华人民共和国国务院令第 557 号公布　根据 2016 年 2 月 6 日《国务院关于修改部分行政法规的决定》修订　2019 年 3 月 26 日国务院第 42 次常务会议修订通过　2019 年 10 月 11 日中华人民共和国国务院令第 721 号公布　自 2019 年 12 月 1 日起施行）

第一章　总　　则

第一条　根据《中华人民共和国食品安全法》（以下简称食品安全法），制定本条例。

第二条　食品生产经营者应当依照法律、法规和食品安全标准从事生产经营活动，建立健全食品安全管理制度，采取有效措施预防和控制食品安全风险，保证食品安全。

第三条　国务院食品安全委员会负责分析食品安全形势，研究部署、统筹指导食品安全工作，提出食品安全监督管理的重大政策措施，督促落实食品安全监督管理责任。县级以上地方人民政府食品安全委员会按照本级人民政府规定的职责开展工作。

第四条　县级以上人民政府建立统一权威的食品安全监督管理体制，加强食品安全监督管理能力建设。

县级以上人民政府食品安全监督管理部门和其他有关部门应当依法履行职责，加强协调配合，做好食品安全监督管理工作。

乡镇人民政府和街道办事处应当支持、协助县级人民政府食品安全监督管理部门及其派出机构依法开展食品安全监督管理工作。

第五条 国家将食品安全知识纳入国民素质教育内容，普及食品安全科学常识和法律知识，提高全社会的食品安全意识。

第二章 食品安全风险监测和评估

第六条 县级以上人民政府卫生行政部门会同同级食品安全监督管理等部门建立食品安全风险监测会商机制，汇总、分析风险监测数据，研判食品安全风险，形成食品安全风险监测分析报告，报本级人民政府；县级以上地方人民政府卫生行政部门还应当将食品安全风险监测分析报告同时报上一级人民政府卫生行政部门。食品安全风险监测会商的具体办法由国务院卫生行政部门会同国务院食品安全监督管理等部门制定。

第七条 食品安全风险监测结果表明存在食品安全隐患，食品安全监督管理等部门经进一步调查确认有必要通知相关食品生产经营者的，应当及时通知。

接到通知的食品生产经营者应当立即进行自查，发现食品不符合食品安全标准或者有证据证明可能危害人体健康的，应当依照食品安全法第六十三条的规定停止生产、经营，实施食品召回，并报告相关情况。

第八条 国务院卫生行政、食品安全监督管理等部门发现需要对农药、肥料、兽药、饲料和饲料添加剂等进行安全性评估的，应当向国务院农业行政部门提出安全性评估建议。国务院农业行政部门应当及时组织评估，并向国务院有关部门通报评估结果。

第九条 国务院食品安全监督管理部门和其他有关部门建立食品安全风险信息交流机制，明确食品安全风险信息交流的内容、程序和要求。

第三章　食品安全标准

第十条　国务院卫生行政部门会同国务院食品安全监督管理、农业行政等部门制定食品安全国家标准规划及其年度实施计划。国务院卫生行政部门应当在其网站上公布食品安全国家标准规划及其年度实施计划的草案，公开征求意见。

第十一条　省、自治区、直辖市人民政府卫生行政部门依照食品安全法第二十九条的规定制定食品安全地方标准，应当公开征求意见。省、自治区、直辖市人民政府卫生行政部门应当自食品安全地方标准公布之日起 30 个工作日内，将地方标准报国务院卫生行政部门备案。国务院卫生行政部门发现备案的食品安全地方标准违反法律、法规或者食品安全国家标准的，应当及时予以纠正。

食品安全地方标准依法废止的，省、自治区、直辖市人民政府卫生行政部门应当及时在其网站上公布废止情况。

第十二条　保健食品、特殊医学用途配方食品、婴幼儿配方食品等特殊食品不属于地方特色食品，不得对其制定食品安全地方标准。

第十三条　食品安全标准公布后，食品生产经营者可以在食品安全标准规定的实施日期之前实施并公开提前实施情况。

第十四条　食品生产企业不得制定低于食品安全国家标准或者地方标准要求的企业标准。食品生产企业制定食品安全指标严于食品安全国家标准或者地方标准的企业标准的，应当报省、自治区、直辖市人民政府卫生行政部门备案。

食品生产企业制定企业标准的，应当公开，供公众免费查阅。

第四章 食品生产经营

第十五条 食品生产经营许可可的有效期为 5 年。

食品生产经营者的生产经营条件发生变化，不再符合食品生产经营要求的，食品生产经营者应当立即采取整改措施；需要重新办理许可手续的，应当依法办理。

第十六条 国务院卫生行政部门应当及时公布新的食品原料、食品添加剂新品种和食品相关产品新品种目录以及所适用的食品安全国家标准。

对按照传统既是食品又是中药材的物质目录，国务院卫生行政部门会同国务院食品安全监督管理部门应当及时更新。

第十七条 国务院食品安全监督管理部门会同国务院农业行政等有关部门明确食品安全全程追溯基本要求，指导食品生产经营者通过信息化手段建立、完善食品安全追溯体系。

食品安全监督管理等部门应当将婴幼儿配方食品等针对特定人群的食品以及其他食品安全风险较高或者销售量大的食品的追溯体系建设作为监督检查的重点。

第十八条 食品生产经营者应当建立食品安全追溯体系，依照食品安全法的规定如实记录并保存进货查验、出厂检验、食品销售等信息，保证食品可追溯。

第十九条 食品生产经营企业的主要负责人对本企业的食品安全工作全面负责，建立并落实本企业的食品安全责任制，加强供货者管理、进货查验和出厂检验、生产经营过程控制、食品安全自查等工作。食品生产经营企业的食品安全管理人员应当协助企业主要负责人做好食品安全管理工作。

第二十条 食品生产经营企业应当加强对食品安全管理人员的培训和考核。食品安全管理人员应当掌握与其岗位相适应的食品安全法律、法规、标准和专业知识，具备食品安全管理能力。食品安全监督管理部门应当对企业食品安全管理人员进行随机监督抽查考核。考核指南由国务院食品安全监督管理部门制定、公布。

第二十一条 食品、食品添加剂生产经营者委托生产食品、食品添加剂的，应当委托取得食品生产许可、食品添加剂生产许可的生产者生产，并对其生产行为进行监督，对委托生产的食品、食品添加剂的安全负责。受托方应当依照法律、法规、食品安全标准以及合同约定进行生产，对生产行为负责，并接受委托方的监督。

第二十二条 食品生产经营者不得在食品生产、加工场所贮存依照本条例第六十三条规定制定的名录中的物质。

第二十三条 对食品进行辐照加工，应当遵守食品安全国家标准，并按照食品安全国家标准的要求对辐照加工食品进行检验和标注。

第二十四条 贮存、运输对温度、湿度等有特殊要求的食品，应当具备保温、冷藏或者冷冻等设备设施，并保持有效运行。

第二十五条 食品生产经营者委托贮存、运输食品的，应当对受托方的食品安全保障能力进行审核，并监督受托方按照保证食品安全的要求贮存、运输食品。受托方应当保证食品贮存、运输条件符合食品安全的要求，加强食品贮存、运输过程管理。

接受食品生产经营者委托贮存、运输食品的，应当如实记录委托方和收货方的名称、地址、联系方式等内容。记录保存期限不得少于贮存、运输结束后 2 年。

非食品生产经营者从事对温度、湿度等有特殊要求的食品贮存业务的，应当自取得营业执照之日起 30 个工作日内向所在地县级人民政府食品安全监督管理部门备案。

第二十六条 餐饮服务提供者委托餐具饮具集中消毒服务单位提供清洗消毒服务的，应当查验、留存餐具饮具集中消毒服务单位的营业执照复印件和消毒合格证明。保存期限不得少于消毒餐具饮具使用期限到期后 6 个月。

第二十七条 餐具饮具集中消毒服务单位应当建立餐具饮具出厂检验记录制度，如实记录出厂餐具饮具的数量、消毒日期和批号、使用期限、出厂日期以及委托方名称、地址、联系方式等内容。出厂检验记录保存期限不得少于消毒餐具饮具使用期限到期后 6 个月。消毒后的餐具饮具应当在独立包装上标注单位名称、地址、联系方式、消毒日期和批号以及使用期限等内容。

第二十八条 学校、托幼机构、养老机构、建筑工地等集中用餐单位的食堂应当执行原料控制、餐具饮具清洗消毒、食品留样等制度，并依照食品安全法第四十七条的规定定期开展食堂食品安全自查。

承包经营集中用餐单位食堂的，应当依法取得食品经营许可，并对食堂的食品安全负责。集中用餐单位应当督促承包方落实食品安全管理制度，承担管理责任。

第二十九条 食品生产经营者应当对变质、超过保质期或者回收的食品进行显著标示或者单独存放在有明确标志的场所，及时采取无害化处理、销毁等措施并如实记录。

食品安全法所称回收食品，是指已经售出，因违反法律、法规、食品安全标准或者超过保质期等原因，被召回或者退回的食品，不包括依照食品安全法第六十三条第三款的规定可以继续销售的食品。

第三十条 县级以上地方人民政府根据需要建设必要的食品无害化处理和销毁设施。食品生产经营者可以按照规定使用政府建设的设施对食品进行无害化处理或者予以销毁。

第三十一条 食品集中交易市场的开办者、食品展销会的举办者应当在市场开业或者展销会举办前向所在地县级人民政府食品安全监督管理部门报告。

第三十二条 网络食品交易第三方平台提供者应当妥善保存入

网食品经营者的登记信息和交易信息。县级以上人民政府食品安全监督管理部门开展食品安全监督检查、食品安全案件调查处理、食品安全事故处置确需了解有关信息的，经其负责人批准，可以要求网络食品交易第三方平台提供者提供，网络食品交易第三方平台提供者应当按照要求提供。县级以上人民政府食品安全监督管理部门及其工作人员对网络食品交易第三方平台提供者提供的信息依法负有保密义务。

第三十三条　生产经营转基因食品应当显著标示，标示办法由国务院食品安全监督管理部门会同国务院农业行政部门制定。

第三十四条　禁止利用包括会议、讲座、健康咨询在内的任何方式对食品进行虚假宣传。食品安全监督管理部门发现虚假宣传行为的，应当依法及时处理。

第三十五条　保健食品生产工艺有原料提取、纯化等前处理工序的，生产企业应当具备相应的原料前处理能力。

第三十六条　特殊医学用途配方食品生产企业应当按照食品安全国家标准规定的检验项目对出厂产品实施逐批检验。

特殊医学用途配方食品中的特定全营养配方食品应当通过医疗机构或者药品零售企业向消费者销售。医疗机构、药品零售企业销售特定全营养配方食品的，不需要取得食品经营许可，但是应当遵守食品安全法和本条例关于食品销售的规定。

第三十七条　特殊医学用途配方食品中的特定全营养配方食品广告按照处方药广告管理，其他类别的特殊医学用途配方食品广告按照非处方药广告管理。

第三十八条　对保健食品之外的其他食品，不得声称具有保健功能。

对添加食品安全国家标准规定的选择性添加物质的婴幼儿配方食品，不得以选择性添加物质命名。

第三十九条　特殊食品的标签、说明书内容应当与注册或者备案的标签、说明书一致。销售特殊食品，应当核对食品标签、说明书内容是否与注册或者备案的标签、说明书一致，不一致的不得销售。省级以上人民政府食品安全监督管理部门应当在其网站上公布注册或者备案的特殊食品的标签、说明书。

特殊食品不得与普通食品或者药品混放销售。

第五章　食品检验

第四十条　对食品进行抽样检验，应当按照食品安全标准、注册或者备案的特殊食品的产品技术要求以及国家有关规定确定的检验项目和检验方法进行。

第四十一条　对可能掺杂掺假的食品，按照现有食品安全标准规定的检验项目和检验方法以及依照食品安全法第一百一十一条和本条例第六十三条规定制定的检验项目和检验方法无法检验的，国务院食品安全监督管理部门可以制定补充检验项目和检验方法，用于对食品的抽样检验、食品安全案件调查处理和食品安全事故处置。

第四十二条　依照食品安全法第八十八条的规定申请复检的，申请人应当向复检机构先行支付复检费用。复检结论表明食品不合格的，复检费用由复检申请人承担；复检结论表明食品合格的，复检费用由实施抽样检验的食品安全监督管理部门承担。

复检机构无正当理由不得拒绝承担复检任务。

第四十三条　任何单位和个人不得发布未依法取得资质认定的食品检验机构出具的食品检验信息，不得利用上述检验信息对食品、食品生产经营者进行等级评定，欺骗、误导消费者。

第六章　食品进出口

第四十四条　进口商进口食品、食品添加剂，应当按照规定向出入境检验检疫机构报检，如实申报产品相关信息，并随附法律、行政法规规定的合格证明材料。

第四十五条 进口食品运达口岸后，应当存放在出入境检验检疫机构指定或者认可的场所；需要移动的，应当按照出入境检验检疫机构的要求采取必要的安全防护措施。大宗散装进口食品应当在卸货口岸进行检验。

第四十六条 国家出入境检验检疫部门根据风险管理需要，可以对部分食品实行指定口岸进口。

第四十七条 国务院卫生行政部门依照食品安全法第九十三条的规定对境外出口商、境外生产企业或者其委托的进口商提交的相关国家（地区）标准或者国际标准进行审查，认为符合食品安全要求的，决定暂予适用并予以公布；暂予适用的标准公布前，不得进口尚无食品安全国家标准的食品。

食品安全国家标准中通用标准已经涵盖的食品不属于食品安全法第九十三条规定的尚无食品安全国家标准的食品。

第四十八条 进口商应当建立境外出口商、境外生产企业审核制度，重点审核境外出口商、境外生产企业制定和执行食品安全风险控制措施的情况以及向我国出口的食品是否符合食品安全法、本条例和其他有关法律、行政法规的规定以及食品安全国家标准的要求。

第四十九条 进口商依照食品安全法第九十四条第三款的规定召回进口食品的，应当将食品召回和处理情况向所在地县级人民政府食品安全监督管理部门和所在地出入境检验检疫机构报告。

第五十条 国家出入境检验检疫部门发现已经注册的境外食品生产企业不再符合注册要求的，应当责令其在规定期限内整改，整改期间暂停进口其生产的食品；经整改仍不符合注册要求的，国家出入境检验检疫部门应当撤销境外食品生产企业注册并公告。

第五十一条 对通过我国良好生产规范、危害分析与关键控制点体系认证的境外生产企业，认证机构应当依法实施跟踪调查。对不再符合认证要求的企业，认证机构应当依法撤销认证并向社会公布。

第五十二条　境外发生的食品安全事件可能对我国境内造成影响，或者在进口食品、食品添加剂、食品相关产品中发现严重食品安全问题的，国家出入境检验检疫部门应当及时进行风险预警，并可以对相关的食品、食品添加剂、食品相关产品采取下列控制措施：

（一）退货或者销毁处理；

（二）有条件地限制进口；

（三）暂停或者禁止进口。

第五十三条　出口食品、食品添加剂的生产企业应当保证其出口食品、食品添加剂符合进口国家（地区）的标准或者合同要求；我国缔结或者参加的国际条约、协定有要求的，还应当符合国际条约、协定的要求。

第七章　食品安全事故处置

第五十四条　食品安全事故按照国家食品安全事故应急预案实行分级管理。县级以上人民政府食品安全监督管理部门会同同级有关部门负责食品安全事故调查处理。

县级以上人民政府应当根据实际情况及时修改、完善食品安全事故应急预案。

第五十五条　县级以上人民政府应当完善食品安全事故应急管理机制，改善应急装备，做好应急物资储备和应急队伍建设，加强应急培训、演练。

第五十六条　发生食品安全事故的单位应当对导致或者可能导致食品安全事故的食品及原料、工具、设备、设施等，立即采取封存等控制措施。

第五十七条 县级以上人民政府食品安全监督管理部门接到食品安全事故报告后，应当立即会同同级卫生行政、农业行政等部门依照食品安全法第一百零五条的规定进行调查处理。食品安全监督管理部门应当对事故单位封存的食品及原料、工具、设备、设施等予以保护，需要封存而事故单位尚未封存的应当直接封存或者责令事故单位立即封存，并通知疾病预防控制机构对与事故有关的因素开展流行病学调查。

疾病预防控制机构应当在调查结束后向同级食品安全监督管理、卫生行政部门同时提交流行病学调查报告。

任何单位和个人不得拒绝、阻挠疾病预防控制机构开展流行病学调查。有关部门应当对疾病预防控制机构开展流行病学调查予以协助。

第五十八条 国务院食品安全监督管理部门会同国务院卫生行政、农业行政等部门定期对全国食品安全事故情况进行分析，完善食品安全监督管理措施，预防和减少事故的发生。

第八章　监督管理

第五十九条 设区的市级以上人民政府食品安全监督管理部门根据监督管理工作需要，可以对由下级人民政府食品安全监督管理部门负责日常监督管理的食品生产经营者实施随机监督检查，也可以组织下级人民政府食品安全监督管理部门对食品生产经营者实施异地监督检查。

设区的市级以上人民政府食品安全监督管理部门认为必要的，可以直接调查处理下级人民政府食品安全监督管理部门管辖的食品安全违法案件，也可以指定其他下级人民政府食品安全监督管理部门调查处理。

第六十条 国家建立食品安全检查员制度，依托现有资源加强职业化检查员队伍建设，强化考核培训，提高检查员专业化水平。

第六十一条 县级以上人民政府食品安全监督管理部门依照食品安全法第一百一十条的规定实施查封、扣押措施，查封、扣押的期限不得超过30日；情况复杂的，经实施查封、扣押措施的食品安全监督管理部门负责人批准，可以延长，延长期限不得超过45日。

第六十二条 网络食品交易第三方平台多次出现入网食品经营者违法经营或者入网食品经营者的违法经营行为造成严重后果的，县级以上人民政府食品安全监督管理部门可以对网络食品交易第三方平台提供者的法定代表人或者主要负责人进行责任约谈。

第六十三条 国务院食品安全监督管理部门会同国务院卫生行政等部门根据食源性疾病信息、食品安全风险监测信息和监督管理信息等，对发现的添加或者可能添加到食品中的非食品用化学物质和其他可能危害人体健康的物质，制定名录及检测方法并予以公布。

第六十四条 县级以上地方人民政府卫生行政部门应当对餐具饮具集中消毒服务单位进行监督检查，发现不符合法律、法规、国家相关标准以及相关卫生规范等要求的，应当及时调查处理。监督检查的结果应当向社会公布。

第六十五条 国家实行食品安全违法行为举报奖励制度，对查证属实的举报，给予举报人奖励。举报人举报所在企业食品安全重大违法犯罪行为的，应当加大奖励力度。有关部门应当对举报人的信息予以保密，保护举报人的合法权益。食品安全违法行为举报奖励办法由国务院食品安全监督管理部门会同国务院财政等有关部门制定。

食品安全违法行为举报奖励资金纳入各级人民政府预算。

第六十六条 国务院食品安全监督管理部门应当会同国务院有

关部门建立守信联合激励和失信联合惩戒机制，结合食品生产经营者信用档案，建立严重违法生产经营者黑名单制度，将食品安全信用状况与准入、融资、信贷、征信等相衔接，及时向社会公布。

第九章　法律责任

第六十七条　有下列情形之一的，属于食品安全法第一百二十三条至第一百二十六条、第一百三十二条以及本条例第七十二条、第七十三条规定的情节严重情形：

（一）违法行为涉及的产品货值金额 2 万元以上或者违法行为持续时间 3 个月以上；

（二）造成食源性疾病并出现死亡病例，或者造成 30 人以上食源性疾病但未出现死亡病例；

（三）故意提供虚假信息或者隐瞒真实情况；

（四）拒绝、逃避监督检查；

（五）因违反食品安全法律、法规受到行政处罚后 1 年内又实施同一性质的食品安全违法行为，或者因违反食品安全法律、法规受到刑事处罚后又实施食品安全违法行为；

（六）其他情节严重的情形。

对情节严重的违法行为处以罚款时，应当依法从重从严。

第六十八条　有下列情形之一的，依照食品安全法第一百二十五条第一款、本条例第七十五条的规定给予处罚：

（一）在食品生产、加工场所贮存依照本条例第六十三条规定制定的名录中的物质；

（二）生产经营的保健食品之外的食品的标签、说明书声称具有保健功能；

（三）以食品安全国家标准规定的选择性添加物质命名婴幼儿配方食品；

（四）生产经营的特殊食品的标签、说明书内容与注册或者备案的标签、说明书不一致。

第六十九条 有下列情形之一的，依照食品安全法第一百二十六条第一款、本条例第七十五条的规定给予处罚：

（一）接受食品生产经营者委托贮存、运输食品，未按照规定记录保存信息；

（二）餐饮服务提供者未查验、留存餐具饮具集中消毒服务单位的营业执照复印件和消毒合格证明；

（三）食品生产经营者未按照规定对变质、超过保质期或者回收的食品进行标示或者存放，或者未及时对上述食品采取无害化处理、销毁等措施并如实记录；

（四）医疗机构和药品零售企业之外的单位或者个人向消费者销售特殊医学用途配方食品中的特定全营养配方食品；

（五）将特殊食品与普通食品或者药品混放销售。

第七十条 除食品安全法第一百二十五条第一款、第一百二十六条规定的情形外，食品生产经营者的生产经营行为不符合食品安全法第三十三条第一款第五项、第七项至第十项的规定，或者不符合有关食品生产经营过程要求的食品安全国家标准的，依照食品安全法第一百二十六条第一款、本条例第七十五条的规定给予处罚。

第七十一条 餐具饮具集中消毒服务单位未按照规定建立并遵守出厂检验记录制度的，由县级以上人民政府卫生行政部门依照食品安全法第一百二十六条第一款、本条例第七十五条的规定给予处罚。

第七十二条 从事对温度、湿度等有特殊要求的食品贮存业务的非食品生产经营者，食品集中交易市场的开办者、食品展销会的举办者，未按照规定备案或者报告的，由县级以上人民政府食品安全监督管理部门责令改正，给予警告；拒不改正的，处 1 万元以上 5 万元以下罚款；情节严重的，责令停产停业，并处 5 万元以上 20

万元以下罚款。

第七十三条 利用会议、讲座、健康咨询等方式对食品进行虚假宣传的，由县级以上人民政府食品安全监督管理部门责令消除影响，有违法所得的，没收违法所得；情节严重的，依照食品安全法第一百四十条第五款的规定进行处罚；属于单位违法的，还应当依照本条例第七十五条的规定对单位的法定代表人、主要负责人、直接负责的主管人员和其他直接责任人员给予处罚。

第七十四条 食品生产经营者生产经营的食品符合食品安全标准但不符合食品所标注的企业标准规定的食品安全指标的，由县级以上人民政府食品安全监督管理部门给予警告，并责令食品经营者停止经营该食品，责令食品生产企业改正；拒不停止经营或者改正的，没收不符合企业标准规定的食品安全指标的食品，货值金额不足 1 万元的，并处 1 万元以上 5 万元以下罚款，货值金额 1 万元以上的，并处货值金额 5 倍以上 10 倍以下罚款。

第七十五条 食品生产经营企业等单位有食品安全法规定的违法情形，除依照食品安全法的规定给予处罚外，有下列情形之一的，对单位的法定代表人、主要负责人、直接负责的主管人员和其他直接责任人员处以其上一年度从本单位取得收入的 1 倍以上 10 倍以下罚款：

（一）故意实施违法行为；

（二）违法行为性质恶劣；

（三）违法行为造成严重后果。

属于食品安全法第一百二十五条第二款规定情形的，不适用前款规定。

第七十六条 食品生产经营者依照食品安全法第六十三条第一款、第二款的规定停止生产、经营，实施食品召回，或者采取其他有效措施减轻或者消除食品安全风险，未造成危害后果的，可以从轻或者减轻处罚。

第七十七条　县级以上地方人民政府食品安全监督管理等部门对有食品安全法第一百二十三条规定的违法情形且情节严重,可能需要行政拘留的,应当及时将案件及有关材料移送同级公安机关。公安机关认为需要补充材料的,食品安全监督管理等部门应当及时提供。公安机关经审查认为不符合行政拘留条件的,应当及时将案件及有关材料退回移送的食品安全监督管理等部门。

第七十八条　公安机关对发现的食品安全违法行为,经审查没有犯罪事实或者立案侦查后认为不需要追究刑事责任,但依法应当予以行政拘留的,应当及时作出行政拘留的处罚决定;不需要予以行政拘留但依法应当追究其他行政责任的,应当及时将案件及有关材料移送同级食品安全监督管理等部门。

第七十九条　复检机构无正当理由拒绝承担复检任务的,由县级以上人民政府食品安全监督管理部门给予警告,无正当理由1年内2次拒绝承担复检任务的,由国务院有关部门撤销其复检机构资质并向社会公布。

第八十条　发布未依法取得资质认定的食品检验机构出具的食品检验信息,或者利用上述检验信息对食品、食品生产经营者进行等级评定,欺骗、误导消费者的,由县级以上人民政府食品安全监督管理部门责令改正,有违法所得的,没收违法所得,并处10万元以上50万元以下罚款;拒不改正的,处50万元以上100万元以下罚款;构成违反治安管理行为的,由公安机关依法给予治安管理处罚。

第八十一条　食品安全监督管理部门依照食品安全法、本条例对违法单位或者个人处以30万元以上罚款的,由设区的市级以上人民政府食品安全监督管理部门决定。罚款具体处罚权限由国务院食品安全监督管理部门规定。

第八十二条　阻碍食品安全监督管理等部门工作人员依法执行职务,构成违反治安管理行为的,由公安机关依法给予治安管理处罚。

第八十三条 县级以上人民政府食品安全监督管理等部门发现单位或者个人违反食品安全法第一百二十条第一款规定，编造、散布虚假食品安全信息，涉嫌构成违反治安管理行为的，应当将相关情况通报同级公安机关。

第八十四条 县级以上人民政府食品安全监督管理部门及其工作人员违法向他人提供网络食品交易第三方平台提供者提供的信息的，依照食品安全法第一百四十五条的规定给予处分。

第八十五条 违反本条例规定，构成犯罪的，依法追究刑事责任。

第十章 附 则

第八十六条 本条例自 2019 年 12 月 1 日起施行。

第二篇

政策文件

国家质量兴农战略规划（2018—2022年）

（2019年2月11日发布）

前　言

中国特色社会主义进入新时代，我国社会主要矛盾已经转化为人民日益增长的美好生活需要和不平衡不充分的发展之间的矛盾，我国经济已由高速增长阶段转向高质量发展阶段。以习近平同志为核心的党中央深刻把握新时代我国经济社会发展的历史性变化，明确提出实施乡村振兴战略，加快推进农业农村现代化。习近平总书记指出，实施乡村振兴战略，必须深化农业供给侧结构性改革，走质量兴农之路。只有坚持质量第一、效益优先，推进农业由增产导向转向提质导向，才能不断适应高质量发展的要求，提高农业综合效益和竞争力，实现我国由农业大国向农业强国转变。为贯彻落实党中央、国务院决策部署，依据《中共中央国务院关于实施乡村振兴战略的意见》和《乡村振兴战略规划（2018—2022年）》，特编制《国家质量兴农战略规划（2018—2022年）》。

本规划以习近平新时代中国特色社会主义思想为指导，深入贯彻落实习近平总书记关于做好"三农"工作、实施乡村振兴战略的重要论述精神，按照高质量发展的要求，围绕推进农业由增产导向转向提质导向，突出农业绿色化、优质化、特色化、品牌化，优化农业要素配置、产业结构、空间布局、管理方式，推动农业全面升级、农村全面进步、农民全面发展。

本规划明确了未来五年实施质量兴农战略的总体思路、发展目标和重点任务，部署了若干重大工程、重大行动、重大计划，是指导各地区各部门实施质量兴农战略的重要依据。

第一篇 规划背景

当前，我国农业正处在转变发展方式、优化产业结构、转换增长动力的攻关期。实施质量兴农战略，实现农业由总量扩张向质量提升转变，是党中央、国务院科学把握我国社会主要矛盾转化和农业发展阶段作出的重大战略决策。要着眼乡村全面振兴和加快农业农村现代化，切实增强责任感、使命感、紧迫感，不断推进质量兴农取得实效。

第一章 重大意义

实施质量兴农战略是满足人民群众美好生活需要的重大举措。民以食为天。随着我国进入上中等收入国家行列，城乡居民消费结构不断升级，对农产品的需求已经从"有没有""够不够"转向"好不好""优不优"。实施质量兴农战略，增加优质农产品和农业服务供给，有利于更好地满足城乡居民多层次、个性化的消费需求，增强人民群众的幸福感、获得感。

实施质量兴农战略是推动国民经济高质量发展的基础支撑。务农重本，国之大纲。现代农业体系是现代化经济体系的重要组成部分。随着我国经济进入高质量发展阶段，补齐农业短板、促进农业高质量发展的要求更加迫切。实施质量兴农战略，加快构建现代农业产业体系、生产体系、经营体系，有利于建设现代化经济体系，推动经济发展质量变革、效率变革、动力变革，进一步夯实国民经济高质量发展基础。

实施质量兴农战略是实现乡村振兴的有力保障。产业兴，则乡村兴。随着乡村振兴战略的实施，乡村产业对农业农村现代化的基础支撑作用更加凸显。实施质量兴农战略，提高农业发展质量和效益，有利于促进农业全面转型升级，增强发展的内生动力和可持续性，为乡村振兴提供新动能、开拓新局面。

实施质量兴农战略是建设农业强国的必由之路。质量就是竞争力。一个国家农业强不强，归根到底得用质量来衡量。随着国际国内两个市场深度融合，我国农业面临的外部竞争压力越来越大，为全球农业提供中国智慧和中国方案的舞台也越来越大。实施质量兴农战略，做大做强优势特色产业，打造中国农业品牌，探索走出一条中国特色农业现代化道路，有利于提高我国农业竞争力，实现由农业大国向农业强国转变。

实施质量兴农战略是促进农民增收致富的有效途径。质量就是效益。随着农业供给侧结构性改革的深入推进，提质增效越来越成为支撑广大农民收入增长的关键。实施质量兴农战略，拓展农业增值空间，培育农民持续增收新的增长点，有利于亿万农民分享农业高质量发展成果，让农业成为有奔头的产业，让农民成为有吸引力的职业，让农村成为安居乐业的美丽家园。

第二章　发展现状

党的十八大以来，以习近平同志为核心的党中央坚持把解决好"三农"问题作为全党工作重中之重，不断推动"三农"工作理论创新、实践创新、制度创新，我国农业现代化建设取得举世瞩目的成就，农业综合生产能力大幅提高，农村改革深入推进，农民收入持续增加，"三农"发展呈现稳中向好、稳中向优的良好态势，为国民经济持续健康发展奠定了坚实基础。

农业发展取得巨大进步，推动农业进入高质量发展阶段。农业生产布局逐步优化，粮食生产功能区、重要农产品生产保护区划定建设有序推进，特色农产品优势区创建迈出实质性步伐，优质农产品生产布局初步形成。农业资源利用率明显提高，农田灌溉水有效利用系数提高到 0.548，提前三年实现化肥农药使用量零增长，畜禽粪污综合利用率、农膜回收率均超过 60%，农作物秸秆综合利用率超过 80%。设施装备和技术支撑更加有力，建成高标准农田 5.6亿亩①，主要农作物良种覆盖率稳定在 96% 以上，农业科技进步贡献率达到 57.5%，农作物耕种收综合机械化率达到 66%，推广测土配方施肥近 16 亿亩。适度规模经营格局初步形成，新型经营主体总量达到 850 万家，土地托管、服务联盟、产业化联合体等多种形式适度规模经营迅速发展，土地适度规模经营比重超过 40%。产业效益稳步提升，种养业结构调整取得明显成效，农产品加工业产值与农业总产值之比达到 2.2∶1，休闲农业和乡村旅游总产值年均增长超过 9%，涌现了一批知名农业品牌。农产品质量安全水平稳中向好，全国农产品质量安全例行监测合格率连续 5 年稳定在 96% 以上，绿色农产品、有机农产品和地理标志农产品数量达到 3.6 万个。

　　与此同时，推进农业高质量发展仍然面临一系列问题和挑战，主要表现在：农业由增产导向转向提质导向的理念尚未普及，农产品生产结构与市场不匹配，绿色优质特色产品还不能满足人民群众日益增长的需求；农产品按标生产的制度体系还不健全，执法监管力量薄弱，质量安全风险隐患犹存；农业生产经营方式相对粗放，部分地区资源过度消耗、产地环境治理难度大，资源环境约束日益趋紧；农业科技重大原创性前沿性成果不多，科技立项与评价机制不健全，科技和生产"两张皮"现象突出；一二三产业融合深度不够，农产品深加工发展滞后，产销市场衔接不畅；农业大而不强、多而不优问题依然存在，部分产品进口依存度偏高，农业国际竞争力亟待提高。

① 1 亩 ≈ 667 m², 15 亩 =1 hm²。

第三章　发展机遇

实施乡村振兴战略为质量兴农提供了重大历史机遇。乡村振兴战略作为新时代"三农"工作的总抓手已经明确写入党章，成为全党的共同意志。城乡融合发展的政策体系逐步建立，农业农村优先发展成为重大政策导向，为加快构建现代农业产业体系、生产体系、经营体系，持续提高农业创新力、竞争力和全要素生产率，提供了强有力的政治保障和制度保障。

居民消费结构升级为质量兴农提供了广阔市场空间。我国人均国内生产总值已接近9 000美元，居民收入水平不断提高，中等收入群体不断壮大，消费层次由温饱型向全面小康型转变，优质农产品和农业多功能需求显著提高，为农业从增产导向转向提质导向提供了强劲动力和发展空间。

各地的实践探索为质量兴农提供了丰富经验。近年来，农业供给侧结构性改革深入推进，农业结构调整不断取得新进展，农业绿色发展实现良好开局。各地在实践中探索出诸多行之有效的做法，创造了一批可复制、可推广的成功模式，为加快推进质量兴农提供了丰富的实践经验和路径借鉴。

综合判断，今后五年是推进农业高质量发展的重要战略机遇期，必须遵循农业发展规律和时代要求，顺势而为，抓住机遇，迎接挑战，全面推进农业发展质量变革、效率变革、动力变革，努力开创质量兴农新局面，为乡村全面振兴和农业农村现代化夯实基础。

第二篇　总体要求

坚持目标导向，明确实施质量兴农战略的指导思想、基本原则，明确到2022年的发展目标，为推进质量兴农制定清晰的"时间表""路线图"。

第四章 指导思想和基本原则

第一节 指导思想

深入贯彻习近平新时代中国特色社会主义思想，全面落实党的十九大和十九届二中、三中全会精神，践行新发展理念，强化创新驱动和提质导向，以实施乡村振兴战略为总抓手，以推进农业供给侧结构性改革为主线，以优化农业农村要素配置、产业结构、空间布局、管理方式为关键点，着力优环境、促融合、管安全、强科技、育人才，大力推进农业绿色化、优质化、特色化、品牌化，加快推动农业发展质量变革、效率变革、动力变革，全面提升农业质量效益和竞争力，为更好满足人民美好生活需要和推进乡村全面振兴提供强有力支撑。

第二节 基本原则

——坚持质量第一，效益优先。准确把握质量兴农的科学内涵，强化全产业链开发、优质优价导向，聚焦产地加工、冷链物流、品牌建设等薄弱环节，推进生产、加工、流通、营销产业链全面升级，促进一二三产业深度融合，提升农业发展整体效益。

——坚持政府引导，产管并重。做好顶层设计，完善政策体系，强化宏观调控，更好地发挥政府政策引导作用。坚持"产出来"与"管出来"相结合，严格执法监管，维护公平有序的市场环境。

——坚持绿色引领，持续发展。落实"绿水青山就是金山银山"理念，以绿色发展引领质量兴农，推进农业投入品减量化、生产清洁化、废弃物资源化、产业模式生态化，促进农业农村发展与生态环境保护协调统一。

——坚持市场主导，农民主体。充分发挥市场在资源配置中的决定性作用，促进城乡要素自由流动、平等交换，用市场机制、价格手段倒逼农业转型升级、提质增效。充分尊重农民意愿，切实发挥农民主体作用，调动农民积极性、主动性、创造性，让质量兴农成果惠及亿万农民。

第五章　发展目标

到 2022 年，质量兴农制度框架基本建立，初步实现产品质量高、产业效益高、生产效率高、经营者素质高、国际竞争力强，农业高质量发展取得显著成效。

——产品质量高。优质农产品供给数量大幅提升，口感更好、品质更优、营养更均衡、特色更鲜明，有效满足个性化、多样化、高品质的消费需求，农产品供需在高水平上实现均衡发展。农产品质量安全例行监测总体合格率稳定在 98% 以上，绿色、有机、地理标志、良好农业规范农产品认证登记数量年均增长 6%。

——产业效益高。一二三产业深度融合，农业多种功能进一步挖掘，农业分工更优化、业态更多元，低碳循环发展水平明显提升，农业增值空间不断拓展。规模以上农产品加工业产值与农业总产值之比达到 2.5∶1，畜禽养殖规模化率达到 66%，水产健康养殖示范面积比重达到 65%。

——生产效率高。农业劳动生产率、土地产出率、资源利用率全面提高，农业劳动生产率达到 5.5 万元 / 人，土地产出率达到 4 000 元 / 亩，农作物耕种收综合机械化率达 71%，农田灌溉水有效利用系数达到 0.56，主要农作物化肥、农药利用率达到 41%。

——经营者素质高。爱农业、懂技术、善经营的高素质农民队伍不断壮大，专业化、年轻化的新型职业农民比重大幅提升，新型经营主体、社会化服务组织更加规范，对质量兴农的示范带动作用不断增强。培育新型职业农民 500 万人以上，高中以上文化程度职业农民占比达到 35%；县级以上示范家庭农场、国家农民专业合作社示范社认定数量分别达到 100 000 家、10 000 家。

——国际竞争力强。国内农产品品质和农业生产服务比较优势明显提高，统筹利用两种资源、两个市场能力进一步增强。培育形成一批具有国际竞争力的大粮商和跨国涉农企业集团，农业"走出去"步伐加快，农产品出口额年均增长 3%。

到 2035 年，质量兴农制度体系更加完善，现代农业产业体系、生产体系、经营体系全面建立，农业质量效益和竞争力大幅提升，农业高质量发展取得决定性进展，农业农村现代化基本实现。

专栏 1　质量兴农主要指标		2017 年基期值	2022 年目标值	指标属性
类型	指标	2017 年基期值	2022 年目标值	指标属性
产品质量高	农产品质量安全例行监测总体合格率（%）	97.1	>98	预期性
	绿色、有机、地理标志、良好农业规范农产品的认证登记数量年均增长（%）	6	6	预期性
产业效益高	规模以上农产品加工业产值与农业总产值之比	2.2∶1	2.5∶1	预期性
	畜禽养殖规模化率（%）	58	66	约束性
	水产健康养殖示范面积比重（%）	55	65	预期性
生产效率高	农业劳动生产率（万元／人）	3.4	5.5	预期性
	土地产出率（元／亩）	3 200	4 000	预期性
	农作物耕种收综合机械化率（%）	66	71	预期性
	农田灌溉水有效利用系数	0.548	0.56	预期性
	主要农作物农药利用率（%）	38.8	41	预期性
	主要农作物化肥利用率（%）	37.8	41	预期性
经营者素质高	国家农民专业合作社示范社认定数量（家）	6 284	10 000	预期性
	年均培育新型职业农民人次（万人次）	100	100	约束性
国际竞争力强	农产品出口额年均增长（%）	3.5	3	预期性

第六章　基本路径

——绿色化。大力推进投入品减量化、生产清洁化、废弃物资源化、产业模式生态化。加快推广节水节肥节药绿色技术，积极推动水土资源节约和化肥、农药高效利用，全面开展农业环境污染防控，着力推进农作物秸秆、畜禽粪污、废旧农膜、农药包装废弃物、农林产品加工剩余物资源化利用，加快发展资源节约型、环境友好型、生态保育型农业。

——优质化。加强优质农产品品种研发推广，构建优势区域布局和专业化生产格局，打造一批特色农产品优势区，稳定发展优质粮食等大宗农产品，积极发展优质高效"菜篮子"产品，扩大优质肉牛肉羊生产，大力促进奶业振兴，发展名优水产品，加快发展现代高效林草业。

——特色化。深入开展特色农林产品种质资源保护，挖掘特色农业文化价值，打造一批彰显地域特色、体现乡村气息、承载乡村价值、适应现代需要的特色产业，形成一批具有鲜明地域特征、深厚历史底蕴的农耕文化名片。推进特色产业精准扶贫，促进贫困群众从产业发展中获得持续稳定收益。

——品牌化。大力推进农产品区域公用品牌、企业品牌、农产品品牌建设，打造高品质、有口碑的农业"金字招牌"。广泛利用传统媒体和"互联网＋"等新兴手段加强品牌市场营销，讲好农业品牌的中国故事。强化品牌授权管理和产权保护，严厉惩治仿冒假劣行为。

第三篇　重点任务

坚持问题导向，重点推进农业绿色发展、农业全程标准化、农业全产业链融合、农业品牌培育提升、农产品质量安全水平提升、农业科技创新、高素质人才队伍建设，持续提高农业创新力、竞争力、全要素生产率，打造质量兴农升级版。

第七章　加快农业绿色发展

第一节　调整完善农业生产力布局

立足匹配水土资源，落实主体功能定位，明确优化发展区、适度发展区、保护发展区，实现保供给和保生态有机统一。加快划定粮食生产功能区、重要农产品生产保护区，实施两区"建管护"工程，2022 年完成 9 亿亩粮食生产功能区、2.3 亿亩重要农产品生产保护区建设任务。持续创建特色农产品优势区，充分发挥示范引领作用，2022 年特色农产品优势区达到 300 个以上。优化生猪养殖布局，引导畜禽养殖向环境容量大的地区转移，加快北方农牧交错带肉牛肉羊产业发展，巩固发展奶牛优势产区，打造我国黄金奶源带。与国土空间规划有效衔接，依法制定出台养殖水域滩涂规划，在确定水域滩涂承载力和环境容量基础上，合理划定水产养殖区、布局限养区、明确禁养区。压减内陆和近海捕捞强度，科学划定江河湖海限捕禁捕区域，在长江流域水生生物保护区实施全面禁捕。建设海洋牧场和渔港经济区，打造海外渔业综合服务基地。

第二节　节约高效利用水土资源

严守耕地红线，全面落实永久基本农田特殊保护制度。优先在粮食生产功能区、重要农产品生产保护区大规模推进高标准农田建设，完善建设标准，探索以县（市、区）为单位整体推进高标准农田建设模式。深入开展耕地质量保护与提升行动，2022 年全国耕地质量平均比 2015 年提高 0.5 个等级以上。加强东北黑土地保护利用，持续推进耕地轮作休耕制度试点。实施"华北节水压采、西北节水增效、东北节水增粮、南方节水减排"等规模化高效节水灌溉，加强节水灌溉工程建设和节水改造，到2020年基本完成大型灌区续建配套和节水改造任务，有效减少农田退水对水体的污染。同时按照"先建机制、后建工程"的要求，深化推进农业水价综合改革，农田水利工程设施完善的地区要率先实现改革目标。完善农田灌排工程体系，推行农业灌溉用水总量控制和定额管理，建设高标准节水农业示范区，继续实施华北等地下水超采区综合治理，2022年全国农业节水灌溉面积达到6.5亿亩。推广抗旱节水、高产稳产品种，集成推广深耕深松、保护性耕作、水肥一体化等技术，提高土壤蓄水保墒能力。

第三节 科学使用农业投入品

深入推进化肥减量增效行动，全面推进测土配方施肥，在果菜茶种植优势突出、有机肥资源有保障、产业发展有一定基础的地区，选择重点县（市、区）开展有机肥替代化肥试点，到2022年测土配方施肥技术覆盖率达到90%以上。完善农药风险评估技术标准体系，加快实施化学农药减量替代计划，统筹实施动植物保护能力提升工程，到2022年主要农作物病虫害专业化统防统治覆盖率达到40%以上。实施绿色防控替代化学防治行动，建设300个绿色防控示范县，主要农作物病虫绿色防控覆盖率达到50%以上。加强动物疫病综合防治能力建设，严格落实兽药使用休药期规定，规范使用饲料添加剂，减量使用兽用抗菌药物。

第四节 全面加强产地环境保护与治理

深入实施土壤污染防治行动计划，开展土壤污染状况详查，严格工业和城镇污染物处理和达标排放。编制实施耕地土壤环境质量分类清单，开展污染耕地分类治理和农产品产地土壤重金属污染综合防治，到2022年受污染耕地安全利用率达到90%以上。继续支持农作物秸秆综合利用，以东北、华北地区为重点整县推进秸秆综合利用，优先支持农作物秸秆就地还田，农作物秸秆综合利用率达到 86% 以上。以畜牧大县为重点，开展畜禽粪污资源化利用整县推进，畜禽粪污综合利用率达到 75% 以上。完善"使用者归集、政府扶持与市场运作相结合"的废旧农膜和农药包装废弃物回收处理体系，开展"谁生产、谁回收"的生产者责任延伸试点，在农膜使用量较高的省份整县推进农膜回收利用，重点用膜区域农膜回收率达到 82% 以上。大力推进种养结合型循环农业试点，集成推广"猪-沼-果"、稻鱼共生、林果间作等成熟适用技术模式，加快发展农牧配套、种养结合的生态循环农业。

专栏2 农业绿色发展重大工程

1. 高标准农田建设。大规模开展农田土地平整、土壤改良、灌溉排水、田间道路、防护林网、输配电设施等建设，到 2022 年，建成 10 亿亩集中连片、旱涝保收、高产稳产、生态友好、适宜机械化作业的高标准农田。

2. 特色农产品优势区创建。到 2022 年，创建并认定 300 个以上国家级特色农产品优势区，加大对特色农产品优势区品牌的宣传和推介力度，打造一批"中国第一、世界有名"的特色农产品品牌，促进优势特色农业产业做大做强，提高特色农产品的供给质量和市场竞争力。

3. 东北黑土地保护。以耕地质量建设和黑土地保护为重点，统筹土、肥、水、种及栽培等生产要素，到 2022 年在东北 4 省（区）开展 1 亿亩黑土地保护与利用，黑土区耕地质量平均提高 1 个等级以上。

4. 农业绿色发展提升行动。深入推进畜禽粪污资源化利用、果菜茶有机肥替代化肥、病虫绿色防控替代化学防治、东北地区秸秆处理、农膜回收和以长江为重点的水生生物保护，从源头上确保优质绿色农产品供给。到 2022 年主要农作物化肥、农药利用率达到 41% 以上，秸秆综合利用水平达到 86%，畜禽粪污综合利用率达到 75% 以上，重点用膜区域农膜回收率实现 82%。建设 300 个病虫绿色防控示范县，探索总结技术模式和组织方式。认定 100 个左右农业可持续发展试验示范区（农业绿色发展先行区），形成一批可复制、可推广典型经验和模式。

5. 环境突出问题治理。扩大面源污染综合治理、华北地下水超采区治理实施范围。到 2022 年建设一批农业面源污染综合治理示范区，华北地区在正常来水情况下大部分地区地下水实现采补平衡，形成一批耕地重金属污染治理技术模式。

6. 动植物保护能力提升。针对动植物保护体系、外来生物入侵防控体系的薄弱环节，通过工程建设和完善运行保障机制，形成监测预警体系、疫情灾害应急处置体系、农药风险监控体系和联防联控体系。

第八章　推进农业全程标准化

第一节　健全完善农业全产业链标准体系

加快建立与农业高质量发展相适应的农业标准及技术规范。全面完善食品安全国家标准体系，加快制定农兽药残留、畜禽屠宰等国家标准，到2022年，制修订3 500项强制性标准。补充完善种子、肥料、农药、兽药、饲料等农业投入品质量标准、质量安全评价技术规范及合理使用准则。建立健全农产品等级规格、品质评价、产地初加工、农产品包装标识、田间地头冷库、冷链物流与农产品储藏标准体系。构建现代农业工程标准体系，提高工程建设质量和投资效益。

第二节　引进转化国际先进农业标准

加快国内外标准全面接轨，实施"一带一路"农业标准互认协同工程，在适宜地区全面转化推广国际先进农业标准，推动内外销产品"同线同标同质"，加快推动我国农产品质量达到国际先进水平。强化国际标准专业化技术专家队伍建设，深入参与国际食品法典委员会、《国际植保公约》等机制下的涉农国际标准规则制定和转化运用。支持企业申请国际通行的农产品认证，促进政府间标准互认合作。

第三节　全面推进农业标准化生产

建立生产记录台账制度，加快推进规模经营主体按标生产。实施农产品质量全程控制生产基地创建工程，促进产地环境、生产过程、产品质量、包装标识等全流程标准化。在"菜篮子"大县、畜牧大县和现代农业产业园全面推行全程标准化生产，到2022年创建 100 个国家区域性良种繁育基地、800 个绿色食品原料标准化生产基地、120 个有机农产品生产基地、500 个畜禽养殖标准化示范场、2 500 个以上水产健康养殖示范场，大力发展绿色、有机、地理标志等优质特色农产品。

专栏 3 农业全程标准化重大工程

1. 农业标准化提升行动。对标国际先进标准，加快优质大宗农产品和特色产品生产标准制修订，构建形成覆盖农业生产、经营各环节的标准体系，全面推行标准化生产。到 2022 年，制修订农药残留限量标准 3 000 项、兽药残留限量标准 500 项、其他行业标准 1 000 项，基本消除生产经营环节标准空白。

2. 农产品认证登记发展计划。积极推动发展绿色、有机、地理标志等优质特色农产品。支持企业申请国际通行的农产品认证，促进政府间标准互认合作。到 2022 年，绿色食品、有机农产品和地理标志农产品总数达到 45 000 个。

第九章 促进农业全产业链融合

第一节 深入推进产加销一体化

开展农村一二三产业融合发展推进行动，以加工业为纽带，推进产业交叉融合，建设一批农村产业融合发展先导区、示范园、农业产业化联合体。统筹农产品初加工、精深加工和综合利用加工协调发展，促进农产品加工就地就近转化增值，到 2022 年规模以上食用农产品加工企业自建及订单基地拥有率达到 65%。支持各类新型经营主体建立低碳低耗循环高效的绿色加工体系，发展中央厨房等新型经营模式。组织实施产业兴村强县行动，打造一批现代农业产业园和农村产业融合利益共同体。支持农业产业化龙头企业完善产业链，鼓励互联网企业参与产加销环节，稳定拓展农产品加工企业与各类经营主体间的供销关系、契约关系和资本联结关系，构建紧密型利益联结机制。

第二节　强化产地市场体系建设

加快建设布局合理、分工明确、优势互补的全国性、区域性和田头三级产地市场体系。以优势农产品主产区为重点，建设全国性农产品产地市场，提升价格形成中心、产业信息中心、物流集散中心、科技交流中心和会展贸易中心功能。以特色农产品优势区为重点，改造提升区域性农产品产地市场，配套建设冷藏冷冻、物流配送、信息服务、电子结算、电子监控等基础设施。在村镇生产集中度高、市场基础良好的地区，加快建设田头市场，实施田头市场标准化建设工程，重点开展地面硬化、称重计量、商品化处理、贮藏保鲜、质量检测、信息服务等基础设施建设。引导各地将扶贫专项资金、涉农整合资金、对口帮扶资金支持产地市场体系建设。

第三节　加快建设冷链仓储物流设施

针对不同农产品特性和储运要求，以冷链仓储建设为重点，加快完善农村物流基础设施网络，探索建立"全程温控、标准健全、绿色安全、应用广泛"的农产品全程冷链物流服务体系。重点加强农产品产地市场预冷、储藏、保鲜等物流基础设施建设，降低流通损耗。加强全国性、区域性农产品产地批发市场和田头市场升级改造，提升清洗、烘干、分级、包装、贮藏、冷冻冷藏、查验等设施水平，配备完善尾菜等废弃物分类处置和污染物处理设施，提高农产品冷链保鲜流通比例。支持流通企业拓展产业链条，建立健全停靠、装卸、商品化处理、冷链设施，加强适应市场需求的流通型冷库建设，发展多温层冷藏车等。研发推广经济适用型全程温度监控设备，建设具有集中采购、跨区域配送能力的现代化产地物流集散中心。

第四节　创新农产品流通方式

加快推进农产品按规格品质分级整理、分类包装，减少产销衔接环节，提高产销衔接效率。探索建立农产品产销对接服务体系，引导鼓励家庭农场、农民专业合作社依托产业化龙头企业，发展订单农业、定制农业。积极搭建农产品产销对接平台，扩大农超、农社、农企、农校等对接范围，充分发挥中国国际农产品交易会、中国农民丰收节等展会和重大活动的平台作用。创新产销对接方式，推进电子商务进农村综合示范，谋划推动"互联网＋"农产品出村工程，鼓励小农户和新型农业经营主体与电商平台对接，发展农产品电子商务，加快拍卖、电子结算、直供直销、连锁经营等新流通方式推广运用。深入开展贫困地区"产品出村、助力脱贫"农产品产销对接行动，构建长期稳定的产销衔接机制。开发多种形式特色农产品营销促销平台。深入推进信息进村入户工程，完善农产品电子商务服务功能。

第五节　培育新产业新业态

推动科技、教育、人文等元素融入农业，发展共享农庄、体验农场、创意农业和特色文化产业等新业态。推广分享农业、众筹农业等基于互联网的新型农业产业模式，汇集线上线下资源，推动生产者、消费者、服务者的多维度深层次对接。大力发展农业生产租赁业，探索建立托管经营等多元化农业服务业。实施休闲农业和乡村旅游精品工程，深入发掘农业农村的生态涵养、休闲观光、文化体验、健康养老等多种功能和多重价值，建设一批美丽休闲乡村、乡村民宿等精品项目，到2022年休闲农业和乡村旅游接待游客突破32亿人次。实施农耕文化传承保护工程，开展农业文化遗产发掘认定，组建遗产数据库，建立信息监测和调查评估制度，探索农业文化遗产在保护中利用与传承的新机制，促进中华优秀农耕文化传承与弘扬。实施乡村就业创业促进行动，培育百县千乡万名农村创业创新带头人，建设300个国家农村创新创业园区（基地）。

专栏4　农业全产业链融合重大工程

1. 农产品加工业提升行动。完善农产品加工技术研发体系，依托现有农产品加工聚集区、产业园、工业园等，打造升级一批农产品精深加工示范基地，到2022年农产品加工转换率达到70%。

2. 农产品冷链保鲜工程。支持新型经营主体改善冷库、保鲜库、冷藏车等基础设施，到2022年建成一批农产品保鲜冷库，标准化农产品冷链物流运输车保有量稳步提高。

3. 农产品产地市场建设工程。建设改造直接服务农户的区域性农产品产地市场和田头市场，提升农产品分等分级、预冷、初加工、冷藏保鲜、冷链物流等能力。到2022年建设和改造一批田头市场，促进乡村流通体系现代化。

4. 农村一二三产业融合发展推进行动。开展全国农村一二三产业融合发展示范园、先导区创建，支持新型经营主体围绕挖掘优质农产品功能延长产业链、提升价值链、完善利益链，到2022年建成300个以上农村一二三产业融合发展示范园和300个农村一二三产业融合发展先导区，探索多种模式的一二三产业融合机制。

5. 现代农业产业园提质扩面行动。支持产业园在更高标准上促进农业生产、加工、物流、研发、示范、服务等相互融合，以优势特色产业为纽带，发挥要素集约集聚、技术贯穿渗透、市场互联互通、主体协调统筹等优势，到2022年创建认定300个左右国家现代农业产业园。

6. 产业兴村强县行动。坚持试点先行、逐步推开，培育壮大乡土经济、乡村产业，实现以产兴村、产村融合，提升农村产业融合发展质量和水平，到2022年培育和发展一批产业强、产品优、质量好、功能全、生态美的农业产业强镇，培育县域经济新动能。

第十章　培育提升农业品牌

第一节　构建农业品牌体系

实施农业品牌提升行动，培育一批叫得响、过得硬、有影响力的农产品区域公用品牌、企业品牌、农产品品牌，加快建立差异化竞争优势的品牌战略实施机制，构建特色鲜明、互为补充的农业品牌体系。围绕特色农产品优势区建设，塑强一批农产品区域公用品牌，以县域为重点加强区域公用品牌授权管理和产权保护。结合粮食生产功能区、重要农产品生产保护区和现代农业产业园建设，积极培育粮棉油、肉蛋奶等"大而优"的大宗农产品品牌。以新型农业经营主体为主要载体,创建地域特色鲜明"小而美"的特色农产品品牌。推进农业企业与原料基地紧密结合,加强自主创新、质量管理、市场营销,打造具有较强竞争力的企业品牌。

第二节 完善品牌发展机制

建立农业品牌目录制度,组织开展目录标准制定、品牌征集、审核推荐、推选认定、培育保护等工作,发布品牌权威索引,引导社会消费。建立健全农业品牌管理制度,推行品牌目录动态管理,对进入目录的品牌实行定期审核与退出机制。全面加强农业品牌监管,强化商标及地理标志商标注册和保护,构建我国农业品牌保护体系。加大对套牌和滥用品牌行为惩处力度,加强品牌中介机构行为监管。构建农业品牌危机处理应急机制,推进品牌危机预警、风险规避和紧急事件应对。完善农业品牌诚信体系,构建社会监督体系,将品牌信誉纳入国家诚信体系。

第三节 加强品牌宣传推介

深入挖掘品牌文化内涵,讲好农业品牌故事,充分利用各种传播渠道,大力宣传推介中国农业品牌文化。创新品牌营销方式,充分利用农业展会、产销对接会、电商等营销平台,借助互联网、大数据、云计算等现代信息技术,加强品牌市场营销,提升品牌农产品市场占有率,促进农产品优质优价。探索建立品牌农产品公共服务平台,鼓励发展一批农业品牌建设中介服务组织和服务平台,提供农业品牌设计、营销、咨询等专业服务。

第四节 打造国际知名农业品牌

聚焦重点品种,着力加强市场潜力大、具有出口竞争优势的农业品牌建设。巩固果蔬、茶叶、水产等传统出口产业优势,扩大高附加值农产品出口。建设一批出口农产品质量安全示范基地（区），支持农产品出口交易平台、境外农产品展示中心建设。加强境外农业合作示范区和农业对外开放合作试验区建设，支持农机、种子、农药、化肥和农产品加工等优势产能国际合作。培育具有国际竞争力的大粮商和农业企业集团，推动企业抱团出海，促进产业聚集。支持鼓励有条件的农业企业参加国际知名农业展会，提升中国农业品牌影响力和号召力。

专栏5　农业品牌培育提升重大工程

1. 农业品牌提升工程。建立农业品牌目录制度，加强农业品牌认证、监管、保护各环节的规范与管理，提升我国农业品牌公信力，大力培育和推介一批优势突出、市场占有率高、竞争优势明显、文化底蕴深厚的国家级农业品牌，力争到2022年打造300个国家级农产品区域公用品牌、500个企业品牌、1 000个农产品品牌。

2. 农业对外合作支撑工程。支持农业对外合作企业在境内外建设育种研发、加工转化、仓储物流、港口码头等设施。打造农业企业家、技术推广专家、研究学者、行政管理人员等人才队伍，建立农业对外合作人才储备库。到2022年培育5～10家具有国际竞争力的大粮商和跨国企业集团，引进转化一批国际先进农业标准，积极开展农业技术国际合作项目。

3. 特色优势农产品出口提升行动。选择一批特色鲜明、技术先进、优势明显的农产品出口大县，建设一批规模化、标准化生产基地，培育一批精通国际规则、出口规模大的龙头企业，到2022年建成一批出口农产品质量安全示范基地（区）。

第十一章　提高农产品质量安全水平

第一节　加强农产品质量安全监测

制定全国统一的农产品质量安全监测计划，形成以国家为龙头、省为骨干、地市为基础、县乡为补充的农产品质量安全监测网络。改进监测方法，扩大监测范围，提升抽检科学性、针对性和准确性，及时发现问题隐患。深化农产品和食用林产品质量安全例行监测和监督抽查，加强粮食质量安全风险监测，强化监测结果通报与应用，建立健全市场计量保障体系，提升农产品监测数据质量。加强农产品质检体系建设和运行管理，强化质检机构资质认定与考核，提升农产品质检专业化水平。推动实施农产品食品检验员职业资格制度，确定一批农产品质量安全检测技术实训基地。按照"双随机"要求组织开展农业质检机构监督检查，探索建立质检机构诚信档案和重点监管名单制度，充分运用资质评审、能力验证、飞行检查等措施强化农业质检机构证后监管。组织开展农产品质量安全检测技术能力验证，进一步强化检测实验室质量控制，提升检测数据可靠性。

第二节　提高农产品质量安全执法监管能力

以国家农产品质量安全县为基础，健全省、市、县、乡、村五级农产品质量安全监管体系，充实基层监管机构条件和手段。加快建设并扩建农产品质量安全指挥调度中心和监管区域服务站，建设一批监管实训基地，提升农产品质量安全跨区域协调处置能力。将农产品质量安全作为农业综合执法的重点，强化基层执法能力，会同有关部门建立农产品质量安全案件移送机制和重大案件督查督办制度，制定农产品质量安全举报奖励办法。加快农业信用体系建设，出台黑名单管理办法，实施联合惩戒。探索推进智慧监管，建设国家农产品质量安全追溯管理信息平台，推动建立互联共享、上下贯通的数据链条。加快建设农产品质量安全追溯示范点，形成农产品追溯与农业农村重大创建认定、农业品牌推选、农产品认证、农业展会等工作"四挂钩"机制。推动建立食用农产品合格证制度，健全产地准出市场准入衔接机制。深入开展国家农产品质量安全县创建活动，打造农产品质量安全样板。

第三节　强化农产品质量安全风险评估及预警

完善农产品质量安全风险评估体系，深入开展生物毒素、农兽药残留、重金属、致病微生物等危害因子风险评估及对产品营养品质影响评价，全面提升我国农产品质量安全风险评估技术能力。深入推进农产品质量安全风险评估，启动农产品"一品一策"行动，制订一批农产品质量安全风险管控措施。加快建设农产品质量安全风险评估实验室和大数据平台，改善提升实验室和试验基地配套设施条件。建立农产品质量安全风险预警机制，修订农产品质量安全应急预案，组建新的农产品质量安全专家组，快速锁定风险因子，及时发布风险预警信息，有效应对农产品质量安全风险。加强农产品质量安全科技研发，加大快速检测等技术攻关力度。坚持"产、研、管、推"一体化发展，建立农产品质量安全风险防控基地，集成制定农产品全产业链质量安全管控技术措施和对策，推动风险评估服务于农产品质量安全监管和现代农业发展。

专栏6　农产品质量安全水平提升重大工程

1.农产品质量安全信用体系建设。创建农产品质量安全信用信息平台，加快建立农产品生产经营主体信用档案，提升信用管理水平。开展信用评价，完善守信联合激励和失信联合惩治机制，将信用评价结果与政策支持、经费扶持、分类监管措施等挂钩。

2.农产品质量安全提升与样板工程。支持所有"菜篮子"大县创建国家农产品质量安全县，支持扩建并建设农产品质量安全指挥调度中心、区域监管服务站和监管实训基地，认定一批国家级绿色食品原料基地，健全村级质量安全监管队伍。到2022年扩建1个部级农产品质量安全指挥调度中心，建设32个省级指挥调度中心、1.68万个监管区域服务站，建设绿色食品原料基地800个，建设10个国家农业检测基准实验室，32个农产品质量安全实训基地，覆盖主要农产品产区，建设50个农产品质量安全风险评估实验室和50个主产区实验站。

3.高效低毒低残留农兽药普及计划。支持农产品生产者使用高效低毒低残留农兽药，到2022年普及率达到60%以上，农产品中农兽药残留合格率达到98%以上。

4.农产品质量全程追溯体系建设。构建农产品追溯标准体系，完善"高度开放、覆盖全国、共享共用、通查通识"的国家农产品质量安全追溯管理信息平台，并与国家重要产品追溯管理平台对接。支持县乡农产品质量安全监管机构装备条件和追溯点建设，引导规模生产经营主体实施农产品质量安全追溯管理，建立追溯管理与风险预警、应急召回联动机制。健全完善农药、兽药等农业投入品追溯体系。到2022年，建设追溯示范点28万个，国家农产品质量安全县域内80%的农民专业合作社、农业产业化龙头企业等规模以上主体基本实现农产品可追溯。

5.优质粮食工程。开展"中国好粮油"行动，完善粮食质量安全检验监测体系，建立专业化社会化的粮食产后服务体系，有效增加绿色优质粮食产品供给，促进种粮农民增收，推动形成新型粮食流通体系，力争到2020年全国产粮大县的粮油优质品率提高30%以上。

第十二章　强化农业科技创新

第一节　加强质量导向型科技攻关

深入实施现代种业提升工程，培育一批具有国际竞争力的种业龙头企业，推动建设种业科技强国。培育和推广口感好、品质佳、营养丰、多抗广适新品种，开展专用优质粮食作物、特色经济作物良种联合攻关，加强分子设计育种、高效制繁种、活力纯度快速检测等关键技术研发。加强特色畜禽水产良种资源保护开发利用，全面实施遗传改良计划，提升自主育种能力。以节本增效、质量提升和生态环保作为主攻方向，重点打造 20 个产学研融合的农业科技创新标杆联盟，开展农产品品质评定、安全保障、质量检测等方面共性关键技术研究、集成和示范，布局建设 40 个以上服务农产品加工和质量安全的综合性重点实验室和专业性（区域性）重点实验室，建设一批现代农业产业科技创新中心，搭建以质量提升为导向的科技经济一体化平台。积极引进国内农业发展急需的农产品精深加工、农业生物资源高效利用、农业生物安全防范等国际先进技术，带动提升我国农业科技创新应用水平。

第二节　加快提升农机装备质量水平

推进我国农机装备和农业机械化转型升级，加快高端农机装备和丘陵山区、果菜茶生产、畜禽水产养殖等农机装备的生产研发，大力推进主要农作物生产全程机械化，提升渔业船舶装备水平。到 2022 年创建 500 个主要农作物全程机械化示范县。稳定实施农机购置补贴政策，加强绿色高效新机具新技术示范推广。推进智能农机与智慧农业协同发展，推动植保无人机、无人驾驶农机、农业机器人等新装备在规模种养领域率先应用。推进丘陵山区开展农田"宜机化"改造。

第三节　大力推广绿色高效设施装备和技术

推进设施农业工程、农机和农艺技术融合创新，积极推进农作物品种、栽培技术和机械装备集成配套。加快发展绿色高效设施农业，推广现代化集约型专用设施装备。引入物联网、人工智能等现代信息技术，加快农机装备和农机作业智能化改造。加强老旧农业设施改造更新，推动农机排放标准升级，加快新能源机械使用，全面提升节地、节水、节能、节肥、节药、抗风、抗雪能力。因地制宜，科学利用荒山、荒漠、荒滩、盐碱地、戈壁，建设规模化高效设施种养业。改造老旧果园茶园，建设一批畜禽标准化规模养殖小区，改造建设水产健康养殖场。

第四节　加快数字农业建设

完善重要农业资源数据库和台账，形成耕地、草原、渔业等农业资源"数字底图"。分品种有序推进农业大数据建设，科学调控农产品生产、加工、流通。借力互联网企业、涉农企业数据库，充分依托已有设施，构建"农业云"管理服务公共平台，提高农业行政管理和政务服务信息化水平。实施数字农业工程和"互联网＋"现代农业行动，鼓励对农业生产进行数字化改造，加强农业遥感、大数据、物联网应用，提升农业精准化水平。推进生产标准化、特征标识化、产品身份化，全面提升数字技术在农产品生产、质量监控、商贸物流领域的应用水平，实现农产品"种讲良心、卖得称心、买可放心、吃能安心"。力争到2022年，农业主要品种全产业链数字化覆盖率达到30%。

专栏7 农业科技创新重大工程

1. 质量导向型科技创新行动。瞄准质量兴农的重大技术瓶颈，改善农业科技创新基础设施条件，提升现代农业科技创新能力，到2022年，在农业废弃物资源化利用、农业绿色投入品等核心关键技术上取得突破。

2. 现代种业提升工程。建立布局合理、设施完备、功能完善、机制健全的现代种业体系，建设一批优质专用农作物、畜禽、水产种质资源库（圃、场）、保护区和育种创新基地、品种性状测试鉴定中心。

3. 高效农业机械化技术装备及设施集成应用。加快突破农业机械化发展瓶颈，提升农业全面机械化水平，到2022年，农作物耕种收综合机械化率达到71%。引入物联网、人工智能等现代信息技术，改善设施农业生产环境，到2022年，新增5 000万亩高效设施农业。

4. 数字农业工程。发展数字田园、智慧养殖、智慧农机，着力促进数字技术与现代农业的深度融合，建设航空无人机、田间观测"天空地"一体化的农业遥感应用体系，到2022年，在大田种植、园艺设施、规模养殖等领域率先推广应用数字技术装备，数字技术应用主体劳动生产率提高20%以上。

第十三章　建设高素质农业人才队伍

第一节　发挥新型经营主体骨干带动作用

实施新型农业经营主体培育工程，鼓励通过多种形式开展适度规模经营，将新型经营主体培育成为推进质量兴农的主力军。完善家庭农场人才培育机制，提升家庭农场主质量控制能力。支持农民专业合作社质量提升，鼓励发展农民专业合作社联合社和产业化联合体，示范带动区域内小农户发展优质农产品。不断壮大农业产业化龙头企业，建立现代企业制度，发挥龙头企业在生产、加工、销售全过程的质量控制标杆作用，提升优势主导产业整体质量水平。

第二节　壮大新型职业农民队伍

依托新型职业农民培育工程，大力实施现代青年农场主培养计划、新型农业经营主体带头人轮训计划和农村实用人才带头人培训计划，把质量兴农的知识技能作为培训内容，年均培训新型职业农民100万人以上。实施卓越农林人才教育培养计划2.0，建设一批适应农林新产业新业态发展的涉农新专业，培养一批懂农业、爱农村、爱农民的一流农林人才。推动全面建立职业农民制度，强化政策激励，引导有志青年加入职业农民队伍，鼓励大学生、返乡农民工投身质量兴农建设。鼓励各地开展职业农民职称评定试点。

第三节　培育专业化农业服务组织

健全农业社会化服务体系，支持有条件的农民专业合作社、联合社、农业企业等经营性服务组织和公益性服务组织建设区域性农业社会化服务综合平台，加快建设互联互通的国家农业社会化服务平台，畅通农业生产性服务供需对接，提高服务质量兴农的能力和水平。以质量效益为关键指标，鼓励地方探索建立生产托管服务主体名录和信用评价机制。大力发展主体多元、形式多样、竞争充分的农业社会化服务组织，推广农业生产托管等多样化服务模式，推进托管产业从粮棉油糖等大宗作物向特色经济作物、养殖业生产领域拓展。探索完善全程托管、"互联网＋农机作业""全程机械化＋综合农事"等农机服务新模式，加快发展智慧农机服务合作社。支持专业化服务组织与小农户开展多种形式的联合与合作，推进农业生产全程社会化服务，帮助小农户对接市场、节本增效。

第四节　打造质量兴农的农垦国家队

充分发挥农垦组织化、规模化和产业体系健全的优势，建成一批重要农产品大型绿色生产加工基地。支持农垦率先建立农产品质量等级评价标准体系和农产品全面质量管理平台，推进标准化生产、信息化管理，健全从农田到餐桌的全面质量管理体系。以中国农垦品质为核心打造一批优质农产品品牌，做大做强做优中国农垦公共品牌。在大中城市建设一批农垦绿色产品体验中心，促进产销衔接和优质优价。培育一批具有国际竞争力的农垦企业集团，发挥农垦在质量兴农中的带动引领作用。

专栏8 高素质农业人才队伍建设重大工程

1. 新型农业经营主体培育。开展示范家庭农场、农民专业合作社示范社、农业产业化龙头企业认定，带动提升新型经营主体发展质量，到2022年县级以上示范家庭农场、国家农民专业合作社示范社、国家农业产业化龙头企业认定数量分别达到100 000家、10 000家、1 500家，新型经营主体生产的绿色有机农产品比重达到90%以上。

2. 新型职业农民培育。全面建立职业农民制度，深入开展新型职业农民整建制示范培育，加快建立一支结构合理、素质优良的新型职业农民队伍，到2022年累计实施现代青年农场主、农业职业经理人培养计划、农村实用人才带头人培训计划、新型农业经营主体带头人轮训计划共500万人。

3. 农垦国有经济壮大。加快垦区集团化和农场企业化改革，全面推行现代企业制度，健全法人治理结构，支持农垦率先建设农产品质量等级评价标准体系和农产品全面质量管理平台，全面推广中国农垦公共品牌。

第四篇 规划实施

加快构建质量兴农政策体系、评价体系、考核体系、工作体系，强化政策支持、责任分工、检查督导和组织领导，确保规划各项目标任务落实到位。

第十四章 完善质量兴农政策体系

第一节 加大农业绿色高效生产支持力度

建立以绿色生态为导向的农业补贴制度，支持有机肥、高效新型肥料、低毒低残留农兽药、绿色防控产品研发和推广，选择一批重点县市整建制推进果菜茶有机肥替代化肥和全程绿色防控试点，畅通种养循环渠道。扩大耕地轮作休耕制度试点范围，继续支持耕地保护与质量提升。支持农用为主、多元利用的农作物秸秆综合利用。开发适用于绿色有机农产品和地理标志产品的保险品种。支持先进适用绿色农业节水技术研发与推广，促进信息技术在灌区建设与管理中的推广应用。

第二节　强化用地等配套政策保障

完善农业设施用地政策，满足新型农业经营主体在仓储、加工、农业机械停放等方面的用地需要。支持发展农业托管服务、农田健康管理服务等新型服务方式。对质量兴农领军型企业首次公开发行股票给予优先支持，提高农产品期货交易的现货交割质量标准。探索以质量综合竞争力为核心的增信融资制度，将质量水平、标准水平、品牌价值等纳入经营主体信用评价和贷款发放参考因素。

第十五章　构建质量兴农评价体系

第一节　科学构建评价指标

研究制定质量兴农监测评价办法，围绕评价数据真实可靠、科学合理，明确评价指标范围，将产品质量、产业效益、生产效率、经营者素质、农业国际竞争力作为重要评价内容，合理设置指标权重，准确评价质量兴农水平。

第二节　强化指标数据采集

以县级人民政府为主体，组织农业、林业、统计等相关部门开展评价指标数据的采集、整理、核实，进行本区域质量兴农水平自评价。省级农业农村主管部门会同相关部门审核认定有关县市评价指标数据，并给予指导服务，严禁虚报数据。

第三节 开展第三方评价

完善评价方式方法，采用信息化手段逐步实现过程评价和评价结果部省互联、数据共享。按照公开公平公正的原则，择优选择第三方评估机构，充分发挥第三方独立性和专业性优势，对质量兴农情况开展监测评估，重点对县域质量兴农情况进行评价。强化第三方评估过程痕迹管理，确保评估流程规范有序、评估过程客观公正。建立统一权威的评价信息发布机制，定期发布质量兴农综合评价信息。

第十六章 建立质量兴农考核体系

第一节 强化考核监督

加强质量兴农战略规划实施考核监督，将质量兴农绩效作为乡村振兴考核的重要内容。按照分级负责的原则，明确以县为单位进行考核，在第三方评价结果基础上，重点考核质量兴农的政策措施落实情况和群众满意度，将质量兴农任务清单、年度工作计划、工作台账等工作情况作为考核重要指标。充分考虑各地质量兴农的资源禀赋和发展基础，分区域科学考核评价质量兴农水平。

第二节 完善激励约束机制

建立健全质量兴农战略规划实施激励约束机制，将县级质量兴农工作情况考核结果与年度奖先评优挂钩，把是否发生重大农产品质量安全事故作为一票否决事项。对推进质量兴农取得显著成绩的单位和个人，按照有关规定给予表彰奖励。对落实不力的进行严肃问责，并视情节予采取约谈、通报批评等措施。

第十七章　健全质量兴农工作体系

第一节　加强组织领导

建立质量兴农部际沟通协调机制，将质量兴农作为农业现代化部际联席会议的重要议事内容，由农业农村部牵头，统筹推进质量兴农规划落实，协调解决重大问题，重大情况及时向国务院报告。各成员单位根据任务分工，细化工作措施，明确工作进度，确保工作质量，并根据工作职能，切实强化对本系统本行业的业务指导，形成部门间协同推进质量兴农的工作合力。

第二节　落实各方管理责任

强化地方各级政府落实质量兴农属地管理责任，推动各地主动担当作为。各地要把质量兴农工作纳入年度经济社会发展计划，定期研究推进本区域质量兴农工作，切实将落实质量兴农发展目标同解决当前突出问题结合起来，坚持问题导向，优先补齐短板，形成一级抓一级、层层抓落实的工作格局。要根据本规划确定的发展目标、重点任务进行细化分解，逐一梳理形成可量化、可操作的质量兴农任务清单，形成具体实施方案，制定年度工作计划，建立工作台账。严格按照时间节点抓好组织实施，确保各项工作任务按期完成。

第三节　强化法治保障

各级政府要坚持运用法治思维和法治方式，全面推进质量兴农工作。严格执行现行涉农法律法规，规范开展农业项目安排、资金使用、监督管理等工作，提高规范化、制度化、法治化水平。加快推动法律法规制修订，推进农产品质量安全法、生猪屠宰管理条例和农作物病虫害防治条例等制修订，强化质量兴农法律支撑。深入推进农业综合执法，强化执法队伍建设，改善执法条件，促进依法护农、依法兴农。开展法治宣传教育，增强各级领导干部、涉农部门和农村基层干部法治观念，引导农民增强学法尊法守法用法意识。

第四节　动员社会参与

着力搭建社会监督参与平台，积极引导农民、媒体、专家、公众、社会组织等各方面广泛参与质量兴农工作，形成共同监督、共同参与的良好氛围。注重发挥农民群众的主体作用，深化农业领域"放管服"改革，创新优化政府服务，激发农民及新型农业经营主体参与质量兴农的积极性创造性。加大质量兴农宣传力度，普及推广农产品质量安全知识，引导形成科学消费观念。建立质量兴农专家决策咨询制度，组织开展基础理论研究，夯实农业高质量发展理论基础。

"十四五"全国农业绿色发展规划

（2021 年 9 月 7 日发布）

前　言

推进农业绿色发展是农业发展观的一场深刻革命。党的十八大以来，党中央高度重视生态文明建设，农业绿色发展取得积极进展。但农业面源污染和生态环境治理还处在治存量、遏增量的关口，还需加力推进农业绿色发展。为贯彻落实党中央、国务院决策部署，依据《中华人民共和国国民经济和社会发展第十四个五年规划和 2035 年远景目标纲要》及"十四五"推进农业农村现代化有关要求，特编制本规划。

第一章　规划背景

"十四五"时期是开启全面建设社会主义现代化国家新征程、向第二个百年奋斗目标进军的第一个五年，是促进经济社会发展全面绿色转型、建设人与自然和谐共生现代化的关键时期，农业发展进入加快推进绿色转型的新阶段。

第一节　重要意义

绿色是农业的底色，良好生态环境是最普惠的民生福祉、农村最大优势和宝贵财富，加快推进农业绿色发展意义重大。

贯彻落实习近平生态文明思想的具体体现。农业绿色发展是生态文明建设的重要组成部分。必须加快贯彻新发展理念，构建节约资源、保护环境的空间格局、产业结构、生产方式、生活方式，推动农业发展与资源环境承载力相匹配、与生产生活生态相协调，为建设生态文明、实现碳达峰碳中和、促进人与自然和谐共生创造良好条件。

满足人民美好生活期盼的迫切要求。人民对美好生活的向往，就是我们的奋斗目标。随着我国经济社会加快发展，人们对绿色优质农产品的消费需求日益增长，对美丽田园风光更加向往。必须深化农业供给侧结构性改革，坚持质量兴农、绿色兴农，加快推进农业由增产导向转向提质导向，更好地满足城乡居民多层次、个性化的消费需求。

全面推进乡村振兴的必然选择。乡村振兴，生态宜居是关键。要推行绿色发展方式和生活方式，加快建立绿色低碳循环农业产业体系，加强农业面源污染治理，推进农业农村减排固碳，改善农村生态环境，让良好生态成为乡村振兴的支撑点，让绿水青山成为农业农村发展的优势和骄傲，为守住绿水青山、建设美丽中国提供重要支撑。

第二节 发展基础

"十三五"以来，农业发展方式加快转变，资源节约型、环境友好型农业加快发展农业绿色发展取得明显进展。

农业资源保护利用得到加强。耕地保护制度逐步健全，耕地质量稳步提升。农业用水总量得到有效控制，水资源利用效率不断提高，农田灌溉水有效利用系数达到 0.559。

农业面源污染防治成效明显。化肥农药持续减量，连续 4 年实现负增长。农业废弃物资源化利用水平稳步提高，产地环境明显改善。

农产品质量安全水平稳步提高。标准化清洁化生产逐步推行，食用农产品达标合格证制度加快实施，绿色食品、有机农产品和地理标志农产品供给明显增加。

农业绿色发展支撑体系逐步建立。以绿色生态为导向的农业补贴制度不断完善，绿色发展科技创新集成逐步深入，先行先试综合试验平台初步搭建，农业绿色发展正在从试验试点转向面上推进。

第三节　面临挑战

我国农业绿色发展仍处于起步阶段，还面临不少困难和挑战。

贯彻绿色发展理念还不深入。对生态优先、绿色发展的重要性认识不足，发展农业生产与保护生态环境对立的问题仍然存在，农业生产还没有从单纯追求产量真正转向数量质量并重上来。

农业生产方式仍然较粗放。农业主要依靠资源消耗的粗放经营方式仍未根本改变，耕地用养结合还不充分，土壤退化和污染问题仍然突出，绿色技术集成创新不够。

绿色优质农产品供给还不足。农产品多而不优，品牌杂而不亮，绿色标准体系还不健全，全产业链绿色转型任务繁重，还不适应消费结构升级的需要。

绿色发展激励约束机制尚未健全。绿色生态的政策激励机制还不完善，与农业绿色发展相适应的法律法规和监督考核机制还不健全，生态产品价值实现机制尚未形成。

第四节　发展机遇

展望"十四五"生态优先、绿色发展将成为全党全社会的共识，绿色生产生活方式加快形成，美丽中国建设扎实推进，为农业绿色发展带来难得机遇。

政策环境不断优化。"三农"工作重心转向全面推进乡村振兴、加快农业农村现代化更多资源要素向农村生态文明建设聚集，碳达峰、碳中和纳入生态文明建设整体布局，以绿色为导向的农业支持保障体系更加健全，将为推进农业绿色发展提供有力支撑。

市场空间不断拓展。国内超大规模市场优势逐步显现，优质优价的市场机制更加健全，绿色优质农产品消费需求不断扩大，绿色生态建设投资带动效应不断释放，将为推进农业绿色发展提供广阔的市场空间。

科技革命不断演进。以生物技术和信息技术为特征的新一轮农业科技革命深入发展，农业绿色发展的核心关键技术有望逐步破解，不同区域、不同类型绿色发展技术模式集成推广，将为推进农业绿色发展提供强大的动力。

主体带动不断强化。绿色生产技术在家庭农场、农民合作社等新型经营主体广泛应用，面向小农户的专业化社会化服务加快发展，绿色品种、技术、装备和投入品逐步走进千家万户，将为推进农业绿色发展创造有利条件。

综上所述，"十四五"时期是加快推进农业绿色发展的重要战略机遇期，必须抓住机遇、创新思路、完善政策、强化支撑，以坚定的决心、务实的举措，推动农业绿色发展取得新的更大突破。

第二章 总体要求

对标基本实现美丽中国建设目标，落实中央碳达峰、碳中和重大战略决策，科学谋划农业绿色发展目标任务，加快农业全面绿色转型升级。

第一节 指导思想

以习近平新时代中国特色社会主义思想为指导，全面贯彻落实党的十九大和十九届二中、三中、四中、五中全会精神，立足新发展阶段、贯彻新发展理念、构建新发展格局牢固树立和践行"绿水青山就是金山银山"理念，坚持节约资源和保护环境的基本国策，以高质量发展为主题，以深化农业供给侧结构性改革为主线，以构建绿色低碳循环发展的农业产业体系为重点，强化科技集成创新，健全激励约束机制，完善监督管理制度，搭建先行先试平台，推进农业资源利用集约化、投入品减量化、废弃物资源化、产业模式生态化，构建人与自然和谐共生的农业发展新格局，为全面推进乡村振兴、加快农业农村现代化提供坚实支撑。

第二节　基本原则

——坚持底线思维、保护为先。落实构建生态功能保障基线、环境质量安全底线、自然资源利用上线的要求，坚持节约优先、保护优先、自然恢复为主，守住农业生态安全边界。

——坚持政府引导、市场主导。发挥政府作用，强化政策扶持。更好发挥市场作用，落实生产经营者主体责任，建立健全"保护者受益、使用者付费、破坏者赔偿"的利益导向机制，引导农民、企业和社会力量参与农业绿色发展。

——坚持创新驱动、依法治理。强化科技创新在农业绿色发展中的重要支撑作用，加大制度供给，依法保护资源、治理环境，构建创新驱动与法治保障相得益彰的农业绿色发展支撑体系。

——坚持系统观念、统筹推进。实施山水林田湖草沙系统治理，正确处理农业绿色发展和资源安全、粮食安全、农民增收的关系，实现保供给、保收入、保生态的协调统一。

第三节　发展目标

到2025年，农业绿色发展全面推进，制度体系和工作机制基本健全，科技支撑和政策保障更加有力，农村生产生活方式绿色转型取得明显进展。

——资源利用水平明显提高。耕地、水等农业资源得到有效保护、利用效率显著提高，退化耕地治理取得明显进展，以资源环境承载力为基准的农业生产制度初步建立。

——产地环境质量明显好转。化肥、农药使用量持续减少，农业废弃物资源化利用水平明显提高农业面源污染得到有效遏制。

——农业生态系统明显改善。耕地生态得到恢复，生物多样性得到有效保护，农田生态系统更加稳定，森林、草原、湿地等生态功能不断增强。

——绿色产品供给明显增加。农业标准化清洁化生产加快推行，农产品质量安全水平和品牌农产品占比明显提升，农业生态服务功能大幅提高。

——减排固碳能力明显增强。主要农产品温室气体排放强度大幅降低，农业减排固碳和应对气候变化能力不断增强，农业用能效率有效提升。

到 2035 年，农业绿色发展取得显著成效，农村生态环境根本好转，绿色生产生活方式广泛形成，农业生产与资源环境承载力基本匹配，生产生活生态相协调的农业发展格局基本建立，美丽宜人、业兴人和的社会主义新乡村基本建成。

专栏1 "十四五"农业绿色发展主要指标				
类别	主要指标	2020 年	2025 年	指标属性
农业资源	全国耕地质量等级（等级）	4.76*	4.58	预期性
	农田灌溉水有效利用系数	0.56	0.57	预期性
产地环境	主要农作物化肥利用率（%）	40.2	43	预期性
	主要农作物农药利用率（%）	40.6	43	预期性
	秸秆综合利用率（%）	86	> 86	预期性
	畜禽粪污综合利用率（%）	75.9	80	预期性
	废旧农膜回收率（%）	80	85	预期性

续表

类别	主要指标	2020 年	2025 年	指标属性
农业生态	新增退化农田治理面积（万亩）	—	1 400	预期性
	新增东北黑土地保护利用面积（亿亩）	—	1	约束性
绿色供给	绿色、有机、地理标志农产品认证数量（万个）	5	6	预期性
	农产品质量安全例行监测总体合格率（％）	97.8	98	预期性

注：标 * 的指标数据为 2019 年数据。

第三章　加强农业资源保护利用提升可持续发展能力

节约资源是保护生态环境的根本之策。树立节约集约循环利用的资源观，推动资源利用方式根本转变，加强全过程节约管理，降低农业资源利用强度，促进农业资源永续利用。

第一节　加强耕地保护与质量建设

严守 18 亿亩耕地红线。落实最严格的耕地保护制度，牢牢守住耕地红线和永久基本农田保护面积，实施质量优先序下的耕地结构性保护。严禁违规占用耕地造林绿化、挖湖造景、挖塘养鱼，严格控制非农建设占用耕地坚决遏制耕地"非农化"、防止"非粮化"。巩固永久基本农田划定成果，建立健全永久基本农田特殊保护制度。加强和改进耕地占补平衡管理，严格控制新增建设占用耕地，严格新增耕地核实认定和监管，杜绝占优补劣、占水田补旱地，对新增建设用地确需占用稳定耕地的，按数量、质量、生态"三位一体"的要求实现占补平衡，保证耕地面积不减少。管控西北内陆、沿海滩涂等区域开垦耕地行为，禁止毁林毁草开垦耕地。

加强耕地质量建设。实施新一轮高标准农田建设规划,开展土地平整、土壤改良、灌溉排水等工程建设,配套建设实用易行的计量设施,到2025年累计建成高标准农田10.75亿亩,并结合实际加快改造提升已建高标准农田。实施耕地保护与质量提升行动计划,开展秸秆还田,增施有机肥,种植绿肥还田,增加土壤有机质,提升土壤肥力。建立健全国家耕地质量监测网络,科学布局监测站点。开展耕地质量调查评价。

加强东北黑土地保护。实施国家黑土地保护工程,推进工程措施和农艺措施相结合,有效遏制黑土地"变薄、变瘦、变硬"退化趋势。推进土壤侵蚀防治,治理坡耕地防治土壤水蚀,建设农田防护体系防治土壤风蚀治理侵蚀沟修复保护耕地。建设完善农田基础设施,完善农田灌排体系,加强田块整治,建设田间道路。培育肥沃耕作层,实行保护性耕作,增施有机肥,推行种养结合、粮豆轮作。开展耕地质量监测评价,实施长期定位监测和遥感监测,开展实施效果评价。到2025年实施黑土地保护利用面积1亿亩。实施黑土地保护性耕作行动计划,推广秸秆覆盖还田免(少)耕播种技术,有效减轻土壤风蚀水蚀,防治农田扬尘和秸秆焚烧,增加土壤肥力和保墒抗旱能力,2025年实施面积达到1.4亿亩。

加强退化耕地治理。坚持分类分区治理,集成推广土壤改良、地力培肥、治理修复等技术有序推进退化耕地治理。在长江中下游、西南地区、华南地区等南方粮食主产区集成推广施用土壤调理剂、绿肥还田等技术模式,逐步实现酸化耕地降酸改良。在西北灌溉区、滨海灌溉区和松嫩平原西部等盐碱集中地区集成示范施用土壤调理剂、耕作压盐等技术模式,逐步实现盐碱耕地压盐改良。"十四五"期间累计治理酸化、盐碱化耕地1 400万亩。

第二节　提高农业用水效率

顺天发展旱作农业。我国水资源时空分布不均匀，旱作农业是重要农业生产方式。发展雨养农业，在华北和东北西部地区，充分利用天然降水，做到雨热同季，减少灌溉用水。发展集雨补灌农业，在西北干旱缺水地区，因地制宜建设集雨补灌设施，推广全膜双垄沟播集雨种植技术，提高天然降水利用率。发展聚水保土农业，在西北和内蒙古中西部风蚀沙化严重地区，推广生物篱柔性防风、带状留茬间作和田间集雨节水技术，降低水土流失。推进农牧结合，在华北北部、西北等农牧交错区推行种养循环、农牧结合，建设人工饲草料基地，发展草食畜牧业。

集成推广节水技术。推进农艺节水，推广水肥一体及喷灌、滴灌等农业节水技术，提高水资源利用效率。推进品种节水，以华北、西北等缺水地区为重点，选育推广一批节水抗旱的小麦、玉米品种，增强抗旱保产能力。推进工程节水，以粮食主产区、严重缺水区和生态脆弱地区为重点，加强渠道防渗、低压管道输水灌溉、喷灌、微灌等节水设施建设"十四五"期间新增高效节水灌溉面积6 000万亩。推进重点区域农业节水，在华北、西北等地下水超采区，禁止农业新增取用地下水，适度退减灌溉面积。调整农作物种植结构，适度调减高耗水作物，推动水资源超载和临界超载地区农业结构调整。禁止开采深层地下水用于农业灌溉。推动东北寒地井灌稻地区地表水、界河水替代地下水。

加强农业用水管理。强化水资源刚性约束，坚持以水定地、量水而行。落实最严格水资源管理制度，严格灌溉取水计划管理，实施用水总量控制和定额管理，明确区域农业用水总量指标。加快大中型灌区续建配套和现代化改造，同步建设用水计量设施。加强农户用水管理，完善主要农作物灌溉用水定额，指导科学灌溉，提高农民节水意识。强化农业取水许可管理，严格控制地下水利用。推进农田水利设施产权制度改革，明确工程产权和管护主体，建立长效管护机制。

第三节　保护农业生物资源

加强农业物种资源保护。完成第三次全国农作物种质资源、畜禽遗传资源普查和第一次水产养殖种质资源普查，抢救性收集一批珍稀、濒危、特有资源和地方品种。加强国家农作物、畜禽、淡水渔业、海洋渔业、微生物和草业种质资源库建设，建设一批种质资源库（场、区、圃），完善资源保存、鉴定、共享等基础设施。加强农业野生植物保护，对现有野生植物原生境保护区（点）进行梳理调整和归类。

加强水生生物资源保护。在重点水域持续开展水生生物增殖放流，加强苗种供应基地建设，适当增加珍稀濒危物种放流数量。推进河流鱼类洄游生物通道建设。严格执行重点河流禁渔期制度，开展"中国渔政亮剑"系列专项执法行动。实施珍稀濒危水生生物拯救行动计划，开展重点物种关键栖息地修复和就地迁地保护。严格执行海洋伏季休渔制度，全面开展限额捕捞试点，推进实施海洋渔业资源总量管理。推进海洋牧场建设，创建国家级海洋牧场示范区。

加强外来入侵物种防控。开展外来入侵物种普查和监测预警，在边境地区和主要入境口岸、粮食主产区、自然保护地、大型交通主干道等重点区域，布设外来物种入侵监测站（点）。实行外来物种分级分类管理，依法严格外来物种引种审批，强化物种引入后管控。加强外来入侵物种阻截防控，在关键区域布设阻截带，遏制草地贪夜蛾、松材线虫病等重大危害入侵物种扩散蔓延。加大综合治理力度，建设生物天敌繁育基地，加强生物防治和生物替代，开展集中应急灭除。

专栏2 农业资源保护利用工程

1. 高标准农田建设。以永久基本农田、粮食生产功能区和重要农产品生产保护区为重点，建成10.75亿亩集中连片高标准农田。

2. 国家黑土地保护。实施黑土地保护利用面积1亿亩，实施土壤侵蚀防治、农田基础设施建设、肥沃耕层培育等。开展保护性耕作1.4亿亩，推广秸秆覆盖免（少）耕播种等技术。

3. 退化耕地治理修复。在南方耕地酸化问题突出区域，集中连片开展降酸改良。在北方耕地盐碱化区域，实施土壤改良培肥。

4. 高效节水灌溉项目。新增高效节水灌溉面积6 000万亩，推广低压管道输水灌溉、喷灌、微灌等高效节水灌溉技术。

5. 国家级海洋牧场示范区建设。在符合条件的海域创建一批国家级海洋牧场示范区，投放人工鱼礁，移植海藻场和海草床，配套管护、监测设施设备。

6. 外来入侵物种防控。建立国家级外来入侵物种监测网络和预警平台，建设一批野外监测站点、天敌繁育基地和综合防控区。

第四章 加强农业面源污染防治提升产地环境保护水平

牢固树立保护环境就是保护生产力、改善环境就是发展生产力的理念，加快推行绿色生产方式，科学使用农业投入品，循环利用农业废弃物，有效遏制农业面源污染。

第一节 推进化肥农药减量增效

推进化肥减量增效。技术集成驱动，以化肥减量增效为重点，集成推广科学施肥技术。在粮食主产区、园艺作物优势产区和设施蔬菜集中产区推广机械施肥、种肥同播等措施，示范推广缓释肥、水溶肥等新型肥料，改进施肥方式。有机肥替代推动，以果菜茶优势区为重点推动粪肥还田利用，减少化肥用量，增加优质绿色产品供给。引导地方加大投入，在更大范围推进有机肥替代化肥。新型经营主体带动，培育扶持一批专业化服务组织，开展肥料统配统施社会化服务。鼓励农企合作推进测土配方施肥。

推进农药减量增效。推行统防统治，扶持一批病虫防治专业化服务组织，开展统防统治，带动群防群治，提高防治效果。推行绿色防控，在园艺作物重点区域，集成推广生物防治、物理防治等绿色防控技术，引导创建绿色生产基地，培育绿色品牌，带动更大范围绿色防控技术推广。推广新型高效植保机械，支持创制推广喷杆喷雾机、植保无人机等先进的高效植保机械，提高农药利用率。推进科学用药，开展农药使用安全风险评估，推广应用高效低毒低残留新型农药，逐步淘汰高毒、高风险农药。构建农作物病虫害监测预警体系，建设一批智能化、自动化田间监测网点，提高重大病虫疫情监测预警水平。

第二节　促进畜禽粪污和秸秆资源化利用

推进养殖废弃物资源化利用。健全畜禽养殖废弃物资源化利用制度，严格落实畜禽养殖污染防治要求，完善绩效评价考核制度和畜禽养殖污染监管制度，加快构建畜禽粪污资源化利用市场机制，促进种养结合，推动畜禽粪污处理设施可持续运行。加强畜禽粪污资源化利用能力建设。建立畜禽粪污收集、处理、利用信息化管理系统，持续开展畜禽粪污资源化利用整县推进，建设粪肥还田利用种养结合基地，培育发展畜禽粪污能源化利用产业。推进绿色种养循环，探索建立粪肥运输、使用激励机制，培育粪肥还田社会化服务组织，推行畜禽粪肥低成本、机械化、就地就近还田。减少养殖污染排放，"十四五"期间京津冀及周边地区大型规模化养殖场氨排放总量削减5%，推进水产健康养殖，减少养殖尾水排放。鼓励因地制宜制定地方水产养殖尾水排放标准。

推进秸秆综合利用。促进秸秆肥料化，集成推广秸秆还田技术，改造提升秸秆机械化还田装备。在东北平原、华北平原、长江中下游地区等粮食主产区，系统性推进秸秆粉碎还田。促进秸秆饲料化，鼓励养殖场和饲料企业利用秸秆发展优质饲料，将畜禽粪污无害化处理后还田实现过腹还田、变废为宝。促进秸秆燃料化，有序发展以秸秆为原料的生物质能，因地制宜发展秸秆固化、生物炭等燃料化产业，逐步改善农村能源结构。推进粮食烘干、大棚保温等农用散煤清洁能源替代，2025 年大气污染防治重点区域基本完成。促进秸秆基料化和原料化，发展食用菌生产等秸秆基料，引导开发人造板材、包装材料等秸秆原料产品，提升秸秆附加值。培育秸秆收储运服务主体，建设秸秆收储场（站、中心），构建秸秆收储和供应网络。建立健全秸秆资源台账强化数据共享应用。严格禁烧管控，防止秸秆焚烧带来区域性大气污染。

第三节 加强白色污染治理

推进农膜回收利用。落实严格的农膜管理制度，加强农膜生产、销售、使用、回收、再利用等环节管理。推广普及标准地膜，开展地膜覆盖技术适宜性评估，因地制宜调减作物覆膜面积。强化市场监管，禁止企业生产、采购、销售不符合国家强制性标准的地膜。积极探索推广环境友好生物可降解地膜。促进废旧地膜加工再利用，培育专业化农膜回收主体，发展废旧地膜机械化捡拾，建设农膜储存加工场点。建立健全农膜回收利用机制，在西北地区支持一批用膜大县整县推进农膜回收加强长江经济带农膜回收利用，健全回收网络体系。开展区域农膜回收补贴制度试点，探索建立地膜生产者责任延伸制度。建立健全农田地膜残留监测点，开展常态化、制度化监测评估。

推进包装废弃物回收处置。严格农药包装废弃物管理，按照"谁生产、经营，谁回收"的原则建立农药生产者、经营者包装废弃物回收处置责任。鼓励采取押金制、有偿回收等措施，引导农药使用者交回农药包装废弃物。以农资经销店为依托合理布局回收站点，完善农药包装废弃物回收体系，推进农药包装废弃物资源化利用和无害化处置。加强农药包装废弃物回收处理活动环境污染防治的监管。合理处置肥料包装废弃物，对有再利用价值的肥料包装废弃物进行再利用，促进包装废弃物减量。无利用价值的纳入农村生活垃圾处理体系集中处理。

专栏3　农业产地环境保护治理工程

1. 化肥减量增效。集成推广测土配方施肥、水肥一体化、化肥机械深施、增施有机肥等技术。在果菜茶重点产区实施有机肥替代化肥试点，重点推广堆肥还田、商品有机肥施用、沼渣沼液还田等技术模式。

2. 农药减量增效。支持一批有条件的县，重点推进绿色防控，推广物理、生物等农药减量技术模式。培育一批统防统治社会化服务组织和专业合作社，开展农作物病虫害统防统治。

3. 绿色种养循环农业试点。支持畜牧养殖大县、粮食和蔬菜主产区等重点区域，整县开展粪肥就地消纳、就近还田补奖试点，构建粪肥还田组织运行模式。

4. 水产健康养殖。新创建一批国家级水产健康养殖和生态养殖示范区，集成推广循环水养殖、稻渔综合种养、大水面生态渔业等健康养殖模式。

5. 秸秆综合利用。支持一批秸秆大县，全域推进秸秆综合利用，支持探索秸秆利用与地力提升补贴政策相挂钩机制。

6. 农膜回收处理。以西北地区为重点，支持一批用膜大县推进农膜回收处理，探索农膜回收利用有效机制。

7. 重点流域农业面源污染治理工程。以长江经济带、黄河流域为重点，建设一批农业面源污染治理重点县，因地制宜实施农田面源污染防治、畜禽养殖污染治理、水产养殖环境治理、作物秸秆综合利用、地膜回收利用等工程。

8. 农业面源污染治理与监督指导试点。以长江经济带、黄河流域为重点，在农业面源污染突出地区建立地表水环境监测体系。开展农业面源污染调查监测和污染复核评估，强化监管、综合执法及考核结果运用，探索开展化肥农药使用总量控制。

第五章　加强农业生态保护修复提升生态涵养功能

树立尊重自然、顺应自然、保护自然的生态文明理念，按照生态系统的整体性、系统性及其内在规律，统筹推进山水林田湖草沙系统治理，保护修复农业生态系统，增强生态系统循环能力，提升农业生态产品价值。

第一节　治理修复耕地生态

健全耕地轮作休耕制度。推动用地与养地相结合，集成推广绿色生产、综合治理技术模式。坚持轮作为主、休耕为辅，在确保国家粮食安全前提下，调整优化耕地轮作休耕规模和范围，在东北地区、黄淮海和长江流域等开展轮作，在地下水超采区、生态严重退化区等开展休耕，促进耕地休养生息和可持续发展。

实施污染耕地治理。开展土壤污染状况调查，优化土壤环境质量监测网络，摸清底数，建立台账，长期监测。实施耕地土壤环境质量分类管理，建立完善优先保护类、安全利用类和严格管控类耕地管理清单。分类分区开展污染耕地治理，对轻中度污染耕地采取农艺措施治理修复，加大安全利用技术推广力度；对重度污染耕地实行严格管控开展种植结构调整、耕地休耕试点。在土壤污染面积较大的100个县推进农用地安全利用技术示范。巩固提升受污染耕地安全利用水平到2025年受污染耕地安全利用率达到93%左右。

第二节　保护修复农业生态系统

建设田园生态系统。建设农田生态廊道，营造复合型、生态型农田林网，恢复田间生物群落和生态链，增加农田生物多样性。发挥稻田生态涵养功能，稳定水稻种植面积，在大城市周边建设一批稻田人工湿地，推广稻渔生态种养模式。优化乡村功能，合理布局种植、养殖、居住等，推进河湖水系连通和生态修复，增加湿地、堰塘等生态水量，增强田园生态系统的稳定性和可持续性。

保护修复森林草原生态。开展大规模国土绿化行动，持续加强林草生态系统修复，增加林草资源总量，提高林草资源质量，加强农田防护林保护。修复重要生态系统，宜乔则乔、宜灌则灌、宜草则草，因地制宜、规范有序推进青藏高原生态屏障区、黄河重点生

120

态区等重点区域生态保护和修复重大工程建设。坚持基本草原保护制度，完善草原家庭承包责任制度，加快建立全民所有草原资源有偿使用和所有权委托代理制度。对严重退化、沙化、盐碱化的草原和生态脆弱区的草原实行禁牧，对禁牧区以外的草原实行季节性休牧，因地制宜开展划区轮牧，促进草畜平衡。

开发农业生态价值。落实 2030 年前力争实现碳达峰的要求，推动农业固碳减排，强化森林、草原、农田、土壤固碳功能，研发种养业生产过程温室气体减排技术，开发工厂化农业、农渔机械、屠宰加工及储存运输节能设备，创新农业废弃物资源化、能源化利用技术体系，开展减排固碳能源替代示范，提升农业生产适应气候变化能力。在严格保护生态环境的前提下，挖掘自然风貌、人文环境、乡土文化等价值，开发休闲观光、农事体验、生态康养等多种功能。实施优秀农耕文化保护与传承示范工程，发掘农业文化遗产价值，保护传统村落、传统民居。

第三节　加强重点流域生态保护

推动长江经济带农业生态修复。实施长江"十年禁渔"，推进沿江渔政执法能力建设，加强执法监督和市场监管，开展非法捕捞专项整治。巩固退捕渔民安置保障成果，全面落实好退捕渔民社会保障政策，提高转产就业的稳定性。启动长江水生生物多样性保护工程，开展水生生物栖息地修复、人工迁地繁育和增殖放流，实施中华鲟、长江鲟、长江江豚等珍稀濒危物种拯救行动计划，推动长江水生生物恢复性增长。健全长江水生生物资源与栖息地监测网络，建立实施长江水生生物完整性评价指标体系，科学评估长江禁渔效果。持续开展长江经济带农业面源污染防治，减少农业污染物排放，有效解决农业面源污染突出问题。

加强黄河流域农业生态保护。将水资源作为最大的刚性约束，严格落实以水定地要求，统筹推进地下水超采综合治理。推进农业深度节水控水，因水施种，因地制宜调整种植结构，发展节水农业、旱作农业。加强上游重点生态系统保护和修复力度，通过禁牧休牧、划区轮牧以及发展生态、休闲、观光牧业等手段，引导农牧民调整生产生活方式。创新中游黄土高原水土流失治理模式，积极开展小流域综合治理、旱作梯田、淤地坝建设。加强下游滩区生态综合整治，构建滩河林田草综合生态空间。以引黄灌区为重点开展盐碱化耕地改造，加强汾渭平原、河套灌区等区域农业面源污染治理。落实黄河禁渔期制度，持续开展水生生物增殖放流，修复黄河水生生态系统。

专栏4　农业生态系统保护修复工程

1. 耕地轮作休耕。在东北冷凉区、北方农牧交错区、黄淮海地区和长江流域等区域推广粮油轮作，在地下水超采区等区域开展休耕试点。

2. 大规模国土绿化行动。开展森林草原重大生态修复，因地制宜、规范有序推进重点区域生态保护和修复重大工程建设。

3. 长江流域水生生物保护。在长江干流、重要支流和通江湖泊开展"十年禁渔"，实施中华鲟、长江江豚、长江鲟等珍稀濒危物种拯救行动，开展关键栖息地保护修复。加强渔政执法装备建设，提升执法信息化水平，建立水生生物资源及栖息地监测网络，提升水生生物保护技术能力。

第六章　打造绿色低碳农业产业链
提升农业质量效益和竞争力

推动农业绿色发展、低碳发展、循环发展全产业链拓展农业绿色发展空间，推动形成节约适度、绿色低碳的生产生活方式，坚定不移走绿色低碳循环发展之路。

第一节　构建农业绿色供应链

推进农产品加工业绿色转型。坚持加工减损、梯次利用、循环发展方向，统筹发展农产品初加工、精深加工和副产物加工利用。

促进农产品商品化处理，改善田头预冷、仓储保鲜、原料处理、分组分割、烘干分级等设施装备条件，减少产后损失。加快绿色高效、节能低碳的农产品精深加工技术集成应用，生产开发营养安全、方便实惠的食用农产品。集中建立农产品加工副产物收集、运输和处理设施，采取先进提取、分离与制备技术，加强农产品加工副产物综合利用，开发新能源、新材料、新产品。

建立健全绿色流通体系。发展农产品绿色低碳运输，以全链条、快速化为导向，建设水陆空一体、便捷顺畅、配送高效的多元联运网络。加快建设覆盖农业主产区和消费地的冷链物流基础设施，健全农产品冷链物流服务体系。加快农产品批发市场改造提升，配套分拣加工、冷藏冷冻、检验检疫和废弃物处理设施，加强市场数字化信息体系建设，推动农产品供应链可追溯。推广农产品绿色电商模式，创新农产品冷链共同配送、生鲜电商＋冷链宅配、中央厨房＋食材冷链配送等经营模式，实现市场需求与冷链资源高效匹配对接，降低流通成本及资源损耗。

促进绿色农产品消费。健全绿色农产品标准体系，加强绿色食品、有机农产品、地理标志农产品认证管理，深入推进食用农产品达标合格证制度试行，进一步推广运用农产品追溯体系，提高绿色农产品的市场认可度。推动批发市场、超市、电商设立绿色农产品销售专区专馆专柜，引导企业和居民采购消费绿色农产品。倡导绿色低碳生活方式，开展农产品过度包装治理，坚决制止餐饮浪费行为。

第二节　推进产业集聚循环发展

促进产业融合发展。以绿色为导向，推动农业与食品加工业、生产服务业和信息技术融合发展，建设一批绿色农业产业园区、产业强镇、产业集群，带动农村一二三产业绿色升级。推进要素集聚，统筹产地、销区和园区布局，引导资本、科技、人才、土地等要素向农产品主产区、中心乡镇和物流节点、重点专业村聚集，促进产业格局由分散向集中、发展方式由粗放向集约、产业链条由单一向复合转变。推进企业集中，促进农产品加工与企业对接，引导大型农业企业重心下沉，向农产品加工园区集中，再造流通体系，降低交易成本，促进生产与加工、产品与市场、企业与农户协调发展。推进功能集合，合理布局种养、加工等功能，完善绿色加工物流、清洁能源供应、废弃物资源利用等基础设施，打造绿色产业链供应链，推动形成功能齐全、布局合理的绿色发展格局。

推动低碳循环发展。推动企业循环式生产、产业循环式组合，加快培育产业链融合共生、资源能源高效利用的绿色低碳循环产业体系，形成新的经济增长源。发展生态循环农业，合理选择农业循环经济发展模式，推动多种形式的产业循环链接和集成发展，促进农业废弃物资源化、产业化、高值化利用，发展林业循环经济，加快建立植物生产、动物转化、微生物还原的种养循环体系，打造一批生态农场样板。推动农业园区低碳循环，推动现代农业产业园区和产业集群循环化改造，建设一批具有引领作用的循环经济园区和基地，完善园区循环农业产业链条，实现资源循环利用、废弃物集中安全处置、垃圾污水减量排放，形成种养加销一体、农林牧渔结合、一二三产业联动发展的现代复合型循环经济产业体系。

第三节　实施农业生产"三品一标"行动

深入推进农业供给侧结构性改革，推进品种培优、品质提升、品牌打造和标准化生产，提升农产品绿色化、优质化、特色化和品牌化水平。

推进品种培优。发掘优异种质资源筛选一批绿色安全、优质高效的种质资源。启动重点种源关键核心技术攻关和农业生物育种重大科技项目，落实新一轮畜禽水产遗传改良计划，自主培育一批突破性绿色品种。加强良种繁育基地建设，加快推进南繁硅谷和甘肃玉米、四川水稻、黑龙江大豆等国家级育制种基地建设，在适宜地区建设一批作物和畜禽水产良种繁育基地。

推进品质提升。推广强筋弱筋优质小麦、高蛋白高油玉米、优质粳稻籼稻、高油高蛋白大豆等良种提升粮食营养和品质。推广一批生猪、奶牛、禽类、水产和优质晚熟柑橘、特色茶叶、优质蔬菜、道地中药材等良种提升"菜篮子"产品质量。集成推广绿色生产技术模式，净化农业产地环境，推广绿色投入品，促进优质农产品生产。构建农产品品质评价标准体系，分行业分品种筛选农产品品质核心指标，推动农产品分等分级和包装标识。

推进农业品牌建设。构建农业品牌体系，建立品牌标准体系，打造一批地域特色突出、产品特性鲜明的区域公用品牌，鼓励龙头企业打造知名度高、竞争力强的企业品牌，培育一批"大而优""小而美"的农产品品牌。完善品牌发展机制，健全农业品牌目录制度，实行动态管理，强化农业品牌监管。开展品牌宣传推介活动，挖掘和丰富农业品牌文化内涵，讲好农业品牌故事，增强农业品牌知名度、美誉度和影响力。

推进标准化生产。建立全产业链农业绿色发展标准体系，加快产地环境、投入品管控、农兽药残留、产品加工、储运保鲜、分等分级关键环节标准制修订。开展全产业链标准化试点，建设现代农业全产业链标准化基地，培育一批农业企业标准"领跑者"。实施农业标准化提升计划，推动新型农业经营主体按标生产，发挥示范推广作用，带动农业大规模标准化生产。

专栏 5　绿色优质农产品供给提升工程

　　1.农业生产"三品一标"提升行动。强化标准引领和科技创新，选育一批种养业良种，建设绿色标准化农产品生产基地 800 个、畜禽养殖标准化示范场 500 个，打造各类农业品牌 1 800 个以上。

　　2.农业绿色生产标准制修订。制修订农业绿色生产相关行业标准 1 000 项，制修订农兽药残留食品安全国家标准 2 500 项，建立健全农业高质量发展标准体系。

　　3.绿色、有机、地理标志农产品认证。新认证一批绿色、有机、地理标志农产品，认证产品数量达到 6 万个以上，生产企业总数达到 2.7 万家。

　　4.地理标志农产品保护。聚焦粮油、果茶、蔬菜、中药材、畜牧和水产六大品类，推进地理标志农产品核心生产基地、特色品质保持和地标品牌建设，支持 1 000 个地理标志农产品发展。

　　5.国家农产品质量安全县创建。新创建一批国家农产品质量安全县，整建制推行全程标准化生产，打造农产品质量安全监管样板。

第七章　健全绿色技术创新体系强化农业绿色发展科技支撑

　　深入实施创新驱动发展战略，加快农业绿色发展科技自主创新，构建农业绿色发展技术体系，推进要素投入精准减量、生产技术集约高效、产业模式生态循环、设施装备配套齐全，推动农业科技绿色转型。

第一节　推进农业绿色科技创新

　　推进绿色技术集成创新。加强绿色科技基础研究，深化农业绿色发展基础理论研究，加快突破一批重大理论和工具方法，加强科研基础设施、资源生态监测系统等建设，强化长期性、稳定性、基础性支撑。开展关键技术攻关，围绕农业深度节水、精准施肥用药、重金属及面源污染治理、退化耕地修复等，组织科研和技术推广单位开展联合攻关，攻克一批关键核心技术，研发一批绿色投入品。推进技术集成创新，熟化核心技术，推动农业生产数字化、智能化与绿色化改造，组装集成一批不同品种、不同区域的绿色技术，建立农业绿色发展技术体系。

加快绿色农机装备创制。按照智能、系统集成理念，推动农机装备向模式化、智能化转变。完善绿色农机装备创新体系，瞄准农业绿色发展机械化需求，以企业为主体、市场为导向，促进产学研推用深度融合。推动农机装备研发升级，鼓励农机装备企业攻克关键核心技术、基础材料及制造工艺等短板，推动高效节能农用发动机、高速精量排种器、喷雾机喷嘴等重要零部件研发制造，深化北斗系统在农业生产中的推广应用，加快产业化步伐，推动传统农机装备向绿色、高效、智能、复式方向升级。加快绿色高效技术装备示范推广，稳定实施农机购置补贴政策，将更多支持农业绿色发展机具、智能装备纳入补贴范围加快绿色机械应用推广。加强绿色农机标准制定，推进农业机械排放标准升级，加快淘汰耗能高、污染重、安全性能低的老旧农机装备。

建设农业绿色技术创新载体。推进农业绿色技术创新平台建设，布局一批国家级、省部级（重点）实验室、农业科学观测实验站，组织现代农业产业技术体系开展绿色技术创新。引导大型农业企业集团搭建绿色技术创新平台，建立绿色技术创新中心，参与承担国家重大科技专项、国家重点研发计划等。加快农业绿色发展科技创新联盟发展，集聚科研院校、涉农企业、社会团体等各类创新主体力量开展产学研企联合攻关，加快突破农业绿色发展技术瓶颈。

第二节 加快绿色适用技术推广应用

推进绿色科技成果转化。建立健全农业科技成果评估制度，组织开展农业绿色科技成果第三方评估，重点推进知识产权评议、成果价值评估、技术风险评价等。建立农业绿色科技成果转化平台，支持农业科研院校建立技术转移中心、成果孵化平台、创新创业基地等。定期公布科技成果和相关知识产权信息，采取研发合作、技术转让、技术许可、作价投资等形式，推动科技成果与绿色产业有效对接。建立绿色发展科技成果转化激励制度，强化股权和分红激励政策，推动绿色科技成果向生产领域转化。

推进绿色技术先行先试。开展绿色技术应用试验，以国家农业绿色发展试点先行区为重点探索不同生态类型、不同主导品种的农业绿色发展典型模式。开展农业绿色发展综合试点，选择一批新型农业经营主体探索节肥节药、废弃物循环利用市场化运行机制。开展农业绿色发展长期固定观测，布局建设一批观测试验站，完善观测技术装备条件。搭建国家农业绿色发展观测数据平台，开展观测数据分析评价。推进重要农业资源台账建设，摸清农业资源底数。开展国家农业农村绿色发展监测预警，优化监测点位布局，建立健全农业农村绿色发展全过程监测预警体系，持续实施产地土壤环境、农田氮磷流失、农田地膜残留等监测。

引导小农户应用绿色技术。开展绿色生产技术示范，加强主体培育、科技服务、技术培训、社会化服务，提升小农户生产绿色化水平。实施科技服务小农户行动，建立健全农业科技社会化服务体系，支持小农户运用优良品种、绿色技术、节能农机等发展智慧农业、循环农业等现代农业。实施小农户能力提升工程，采取农民夜校、田间学校等形式，开展绿色技术培训，支持小农户开展联户经营、联耕联种，接受统耕统收、统配统施、统防统治等社会化服务，降低生产经营成本。鼓励有长期稳定务农意愿的小农户稳步扩大规模，采用绿色农业技术，开展标准化生产。

第三节　加强绿色人才队伍建设

健全基层农技推广服务体系。推动基层农技推广机构建设，保障必需的试验示范条件和技术服务设备设施，加强绿色增产、生态环保、质量安全等领域重大关键技术示范推广。支持基层农技推广人员进入家庭农场、合作社和农业企业，为小农户和新型农业经营主体提供全程化、精准化和个性化绿色生产技术服务。创新农技推广机构管理机制将绿色技术、数字技术推广服务成效纳入责任绩效考评指标体系。

培育新型农业经营主体。充分发挥新型农业经营主体对市场反应灵敏、对绿色新品种新技术新装备采用能力强的优势，积极培育和壮大新型经营主体。支持发展家庭农场和农民合作社，培育农业产业化龙头企业和联合体。引导新型农业经营主体发展绿色农业、生态农业、循环农业，推进生态农场建设，率先运用绿色生产技术，开展标准化生产，提高绿色技术示范应用水平。鼓励广大科技特派员在农业绿色发展领域创新创业。支持新型农业经营主体带动普通农户发展绿色种养，提供专业化全程化绿色技术服务。

培养绿色技术推广人才。创新绿色技术推广人才培养模式，加快培养农业绿色生产高素质应用型人才。培养新型农业经营主体带头人，增加农业绿色生产技能培训课程，强化绿色发展理论教学和实践操作。加强农村实用人才培养依托高素质农民培育计划，加大绿色技术培训力度，提高绿色生产技术水平。发挥高等院校、科研单位作用，增设农业绿色发展专业在生产一线建立科技小院、实习基地，指导科研人才参与绿色技术推广。

专栏6 农业绿色发展科技支撑工程

1. 绿色技术集成应用。开展技术联合攻关，创新研发应用土壤改良培肥、节水节肥节药、废弃物循环利用、绿色加工等农业绿色生产技术。

2. 绿色投入品研发。研发绿色高效功能性肥料、生物肥料、土壤调理剂、高效低毒低残留农兽药、绿色高效饲料添加剂、可降解地膜等绿色投入品。

3. 绿色农机装备研发推广。研发创制一批节能低耗绿色智能化农机装备，加快植保无人机、残膜回收机、废弃物无害化处理等农机装备推广应用，大力示范推广节种节水节能节肥节药等农机化技术。

4. 农业绿色发展先行先试支撑体系。依托国家农业绿色发展试点先行区，开展绿色技术应用试验，建立一批国家农业绿色发展长期固定观测试验站，健全绿色农业技术、标准、产业、经营、政策和数字体系。推进重要农业资源台账制度建设。建立国家农业农村绿色发展监测预警体系。

第八章　健全体制机制增强农业绿色发展动能

以改革创新为动力，建立农业绿色发展的目标责任、考核制度、奖惩机制，强化制度约束，完善市场机制，引导社会参与，加快推动农业发展由数量导向转向提质导向切实改变农业过度依赖资源消耗的发展模式。

第一节　完善法律法规约束机制

健全法律法规体系。推进农业绿色发展领域立法，推动制修订渔业法、畜牧法、农产品质量安全法、进出境动植物检疫法、植物新品种保护条例、基本农田保护条例等法律法规。强化重点区域农业绿色发展法制保障，完善长江保护规章制度，研究起草《长江水生生物保护管理规定》，推动将黄河流域农业生态保护等纳入相关法律法规。开展配套规章建设，研究制修订农作物病虫害防治、外来入侵物种管理等规章。健全重大环境事件和污染事故责任追究制度及损害赔偿制度，提高惩罚标准和违法成本。

加大执法力度。强化重点领域执法，严格执行农业资源环境保护、农产品质量安全、农业投入品生产使用等领域法律法规，持续实施农产品质量安全"治违禁控药残促提升"、长江禁渔、海洋伏季休渔等专项执法行动，加大破坏农业资源环境等违法案件查处力度。提升农业绿色发展执法能力，推进农业综合行政执法，加强执法设施装备建设。推动行政执法机关与司法机关、监察机关的工作衔接配合。

第二节　健全政府投入激励机制

完善农业资源环境保护政策。优化耕地地力保护补贴，探索推进补贴发放与耕地地力保护行为相挂钩引导农民秸秆还田、科学施肥用药。引导农业投入品减量增效，支持重点作物绿色高质高效生产，开展化肥农药减量增效示范。推进废弃物资源化利用，支持在畜牧养殖大县粮食和蔬菜主产区生态保护重点区域开展绿色种养循环农业试点整县推进粪肥就地消纳、就近还田。全面实施秸秆综合利用行动，实行整县集中推进。加快建立地膜使用和回收利用机制，支持有条件的地区开展全生物可降解地膜和机械化回收农膜。

健全生态保护补偿机制。支持开展退化耕地治理，继续实施耕地轮作休耕制度。完善退耕还林还草政策，巩固工程建设成果。继续实施第三轮草原生态保护补助奖励政策，促进草原生态保护和草原畜牧业发展。实施新一轮渔业发展补助政策，强化渔业资源环境养护，促进渔业绿色循环发展。

建立多渠道投入机制。完善财政激励政策，加大公共财政对农业绿色发展支持力度，推动财政资金支持由生产领域向生产生态并重转变。将符合条件的农业绿色发展项目纳入地方政府债券支持范围。创新绿色金融政策，丰富完善信贷、保险、基金等绿色金融产品体系，探索建立农业生态补偿等质押融资贷款。完善农业绿色信贷增信机制，鼓励金融机构向绿色有机、低碳循环农业生产企业提供融资支持，适度扩大农业绿色发展金融投入规模。鼓励地方创新优质特色农产品保险产品和服务。引导社会投入，鼓励企业利用外资、发行企业债券等方式，实施一批政府和社会资本合作项目，扩大农业绿色发展社会投资。

第三节　建立市场价格调节机制

健全绿色价格机制。进一步完善和落实农业资源有偿使用制度，完善资源及其产品价格形成机制，推动农业资源保护与节约利用。深入推进农业水价综合改革，健全农业水价形成机制，配套建立精准补贴和节水奖励机制，用价格杠杆引导农民节约用水。

建立绿色产品市场价格实现机制。推进绿色优质农产品优质优价，建立优质农产品评价体系，完善农产品分等分级制度，持续推进农产品品质和营养成分监测，让好产品卖出好价格。加强绿色优质农产品市场监管，建立绿色优质农产品产地准出和市场准入制度，严厉打击以假乱真、以次充好等行为，规范市场秩序。加快农产品质量安全信用体系建设建立农产品生产者、经营者诚信档案，加强信用管理，落实生产经营主体诚信责任。建立健全生态产品价值实现机制，探索开展农业生态产品价值评估，健全生态产品经营开发机制。通过原生态种养、精深加工、休闲旅游、品牌打造等模式，拓展提升生态产品价值，协同推进生态产品市场交易与生态保护补偿实现生态产品价值有效转化。

培育绿色农业交易市场。培育和发展交易市场，健全生态产品市场体系，依托规范的公共资源和产权交易平台，探索开展农业排污权、水权等交易，完善农业生态产品价格形成机制，探索建立初始分配、有偿使用、市场交易、纠纷解决、配套服务等制度。推进市场化经营性服务，开展农业生态系统损害监测评价，建立生态环境损害赔偿制度，支持从事农业资源保护、废弃物资源化利用、环境污染治理和绿色生产服务的龙头企业和专业化服务组织制定高效规范的标准体系。

第九章　规划实施

牢固树立和践行"绿水青山就是金山银山"理念，调动各方面资源要素，凝聚全社会力量，完善规划实施保障机制，形成推进农业绿色发展工作合力。

第一节　加强组织领导

落实"推进农业绿色发展是农业发展观的一场深刻革命"的重要指示要求，加强组织领导，建立国家统筹、省负总责、市县抓落实的工作机制。国家层面由农业农村部牵头建立规划协调推进机制，制定规划实施任务清单和工作台账，跟踪督促重点任务落实。各地区各部门结合实际，明确目标任务，细化政策措施，加强资金统筹，推进规划落实。国家农业绿色发展试点先行区要进一步加强组织领导，加快先行先试，为规划落实落地探索新路。

第二节　开展绩效评价

制定农业绿色发展评价指标体系，进一步完善综合评价方法，科学运用统计数据、长期固定观测试验数据和重要农业资源台账等数据资源，开展农业绿色发展效果评价。建立健全规划实施监测评估机制，完善化肥农药使用量、废弃物资源化等调查核算方法，加强数据分析、实地调查、工作调度，对规划实施情况进行跟踪监测，科学评估规划进展情况。强化效果评价结果应用，探索将耕地保护、节约用水、化肥农药减量、养殖投入品规范使用、废弃物资源化利用、长江"十年禁渔"等任务完成情况，纳入领导干部任期生态文明建设责任制、乡村振兴实绩考核范畴。

第三节　加强宣传引导

开展普法宣传，结合宪法宣传周、中国农民丰收节等重要时间节点，开展农业绿色发展法律法规宣传教育，增强农民节约资源、保护环境的法治观念。推介典型案例，宣传可复制可推广农业绿色发展案例，讲好农业绿色发展故事。实施农业绿色发展全民行动，广泛开展绿色低碳生产生活宣传，推动形成厉行节约、反对浪费的绿色生活方式，营造全社会共同推进农业绿色发展的良好氛围。

"十四五"期间我国农产品质量安全工作目标任务及 2021 年工作重点

于康震

一、2020 年和"十三五"农产品质量安全工作成效

2020 年是新中国历史上极不平凡的一年。新冠肺炎疫情突然暴发，给农产品质量安全工作带来许多困难和挑战。各级农业农村部门坚决贯彻中央部署要求，坚持农产品质量安全和农业稳产保供同部署同落实同考核，在大战大考中经受住了考验。农产品质量安全保持稳中向好的发展态势，主要农产品例行监测合格率达到97.8%，为农产品稳产保供和全面建成小康社会作出了积极贡献。

（一）迎难而上，为稳产保供提供有力支撑

新冠肺炎疫情防控关键时期，为克服监管人员下不去、质量安全难保障的问题，农业农村部针对性下发了 5 个文件，梳理近年问题隐患清单，指导各地分区分级精准监管，确保质量安全工作不断档不缺位。针对农产品流通不畅可能带来的质量安全风险隐患进行研判，提醒各地强化监管防范。扎实开展春耕备耕农资打假"春雷"行动，畅通放心农资下乡进村渠道，保障化肥、种子等农资供应。各省将质量安全纳入春耕生产督导，克服困难，靠前服务，保障了上市农产品安全。北京、天津、黑龙江等地，积极使用农村大喇叭、微信群等手段渠道进行宣传，推进农产品质量安全知识进村入户。

（二）聚焦风险，监测评估工作稳步推进

在防控最吃劲、人员难流动的时期，根据疫情防控情况及时调整部级例行监测方案，改跨省异地抽样为本省或邻省就近抽样；在疫情防控转入常态化后，立即恢复跨省抽检。坚持快抽快检快报，坚持随机抽样开展风险监测，采用抽样 APP 等信息技术手段，缩短抽样时间，改进检测方法，上报结果时间平均比 2019 年缩短 1 周。各省也加大了风险监测力度，全系统定量抽检 110 余万批次，同比增长 10.0%。西藏自治区强化监测随机抽样，抽样地点在任务下达前 3 天摇号确定。强化风险评估成果运用，组织开展 39 个风险评估专项，编制设施草莓、韭菜、芹菜、农产品收贮运等 20 余篇质量安全风险防控指南，通过技术攻关解决了韭菜甲拌磷等突出问题。做好全天候舆情监测，快速妥善处置"普洱茶用药""镉超标米粉""海参敌敌畏"等负面舆情。湖北省开展农产品质量安全应急演练，湖南省、四川省还修订了应急预案。

（三）较真碰硬，聚焦突出问题开展专项治理

扎实开展"利剑"行动，全国共出动监管执法人员 153 万人次，发现使用禁用药物和残留超标、私屠滥宰等问题 3 481 个，查处案件 2 518 个。部省两级深入开展监督抽查，向社会公布 160 多个典型案例。种植业方面，严格农药定点经营，加快推动高毒农药替代，推进农药化肥减量增效；畜牧业方面，组织兽药残留监控，实施兽用抗菌药减量化行动，强化生鲜乳和生猪屠宰环节监管；渔业方面，推广水产绿色健康养殖，减量规范用药。四川省深入推进"重点监控名单"和"黑名单"制度；福建省连续开展质量安全"两检合一"（省级风险监测和市县监督抽查）和"检打联动"工作。

（四）优标提质，增加绿色优质农产品供给

大力开展标准制修订，新报批农药、兽药残留限量标准 3 025 项，限量标准总数超过 1 万项。实施地理标志农产品保护工程，落实中央财政转移支付及省级配套资金 8.3 亿元，支持 242 个产品发展。新认证绿色、有机、地理标志农产品 2.2 万个，其中，支持贫困地区认证产品 6 408 个，减免认证费用 5 061 万元。新登录名特优新农产品 831 个，认证良好农业规范（GAP）农产品 1 238 个。青海绿色有机农畜产品示范省创建取得实效。

（五）系统谋划，努力构建科学高效的监管制度体系

加快《中华人民共和国农产品质量安全法》修订。召开合格证试行工作现场会，全国 29 个省农业农村部门与市场监管部门联合发文推进，带证上市农产品达到 4 670 万 t。深入推进第 3 批国家农产品质量安全县创建，开展"国家农产品质量安全县提升月"活动。加快农产品质量安全信用体系建设，浙江、广东、海南和上海 4 省市率先开展试点。国家追溯平台注册生产经营主体 22 万家，25 个省级平台完成部省对接。

2020 年农产品质量安全工作稳中有进，为"十三五"圆满收官作出了积极贡献。"十三五"是农产品质量安全稳中向好、不断提升的 5 年。监测参数从 94 项扩大到 130 项，合格率连续 5 年保持在 97% 以上。绿色、有机、地理标志农产品认证数量比"十二五"末增加 72%。"十三五"是真抓实干、敢于亮剑的 5 年。持续开展专项整治，制假售假、私屠滥宰、非法添加等违法违规行为得到有效遏制。农村假冒伪劣食品联合整治和"不忘初心、牢记使命"主题教育农产品质量安全专项整治都受到中央肯定。"十三五"是责任不断压实、制度不断创新的 5 年。推动中办国办出台《地方党政领导干部食品安全责任制规定》，严格开展食品安全工作评议考核，充分发挥了"指挥棒"作用，合格证制度全面试行，农产品质量安全县创建深入推进，追溯体系建设进展明显。"十三五"是绿色发展、转型升级的 5 年。产地环境治理扎实开展，化肥农药减量增效行动实现预期目标，病虫害绿色防控技术广泛应用，绿色生态健康养殖持续推进，投入品减量化、生产清洁化、废弃物资源化、产业模式生态化取得明显成效。

二、"十四五"期间农产品质量安全工作的重要意义

党的十九届五中全会，以习近平总书记为核心的党中央，对"十四五"规划和二〇三五年远景目标进行了擘画，突出强调了统筹发展和安全，对优先发展农业农村、全面推进乡村振兴作了全面部署，特别提出要"强化绿色导向、标准引领和质量安全监管"。习近平总书记在 2020 年中央农村工作会议上强调，要坚持用大历史观来看待农业、农村、农民问题，牢牢把住粮食安全主动权，既要保数量，也要保多样、保质量，推动品种培优、品质提升、品牌打造和标准化生产。学习习近平总书记重要讲话精神，农业农村部门深感责任重大、要求更高。必须立足新阶段、新征程、新格局，充分认识做好"十四五"农产品质量安全工作的重要意义。

（一）从讲政治的高度看，保障农产品质量安全是民生大事，更是政治任务

习近平总书记强调，人民对美好生活的向往，就是我们的奋斗目标。美好生活，首先必须保障吃得安全放心，否则就是一句空话。农产品质量安全，事关民生福祉和党的执政基础，不仅是个经济问题、民生问题、社会问题，更是一个严肃的政治问题。民生和安全联系在一起，那就是最大的政治。必须把思想和行动统一到中央决策部署上来，善于用政治眼光观察和分析农产品质量安全，从讲政治的高度谋划和推进新发展阶段农产品质量安全工作。

（二）从推进高质量发展看，提升农产品质量安全水平是应有之义，也是必由之路

习近平总书记强调，质量就是效益，质量就是竞争力。农产品质量安全是农业高质量发展的基础保障，是全面推进乡村振兴的重要支撑，是农业农村现代化的关键环节。当前，农产品质量安全基础还不够牢固，质量安全保障能力还不能很好地适应高质量发展要

求，亟须补齐短板，不能让质量安全问题拖了高质量发展的后腿。要向质量要效益，以质量求发展，让安全看得见、质量有保障、品牌叫得响，让高质量发展更有底气、更具活力、更可持续，为乡村振兴和农业农村现代化打下坚实基础。

（三）从构建新发展格局看，增加绿色优质农产品供给有巨大空间，可以大有作为

习近平总书记强调，畅通国内大循环，要坚持扩大内需这个战略基点，以质量品牌为重点，促进消费向绿色、健康、安全发展。近年来，优质农产品越来越好销，"菜篮子"越来越丰富，百姓的食物需求更加多样化、特色化、高端化，这极大地激发了农产品供给新的增长点。要把增加绿色优质农产品供给、提升农产品品质摆在更加突出的位置，努力扩大内需、畅通循环，更好地满足百姓消费升级的新需求。

（四）从统筹发展和安全看，做好农产品质量安全工作是农业农村部门的使命所系、职责所在

习近平总书记强调，安全是发展的前提，发展是安全的保障。在农业产业发展上，农产品质量安全是底线，安全和发展是 1 和 0 的关系，没有安全这个"1"，产业发展再多的成绩、生产的产品再多都可能会等于"0"，不可能实现健康可持续发展。对农业农村部门来讲，既要保数量，也要保质量，既要抓发展，也要保安全。要坚持底线思维、增强忧患意识，做到发展和安全两手抓、两手硬，确保不给产业发展埋雷，不给社会稳定添乱。

三、"十四五"期间农产品质量安全工作的目标和任务

"十四五"农业农村工作在经济社会发展全局中的定位是"保供固安全、振兴畅循环"。农产品质量安全工作的主线则是"强监管保安全，提品质增效益"。要继续深入贯彻落实习近平总书记"四个最严""产出来""管出来"等重要指示要求，坚持围绕国之

大者抓主抓重、围绕中央部署落细落小，坚持系统观念，统筹产业发展和质量安全，"守底线""拉高线"同步推、"保安全""提品质"一起抓。

"十四五"时期农产品质量安全的工作目标是，到"十四五"末，主要农产品监测合格率要稳定在98%以上。农兽药残留标准达到1.3万项，以安全、绿色、优质、营养为梯次的高质量发展标准体系基本形成，绿色、有机、地理标志等农产品认证登记数量稳步增长，达标合格证制度在新型农业经营主体基本实现全覆盖。智慧化监管网络初步构建，农产品追溯体系稳步推进，以信用为基础的新型监管机制建立健全。生产经营者责任意识、诚信意识和质量安全管理水平明显提高，人民群众的获得感、幸福感、安全感显著增强。要实现这些目标，就要重点把握好"底线、供给、责任、手段、能力"5个方面。

（一）要严防死守底线

坚持预防为主、全程防控，牢牢守住农产品质量安全底线。当前，农产品质量安全风险隐患依然存在，个别生产经营者违规使用禁用药物、不遵守安全用药间隔期休药期的行为时有发生，重金属、病原微生物、生物毒素等问题越来越受关注。"十四五"时期，要下大力气解决禁用药物使用问题，同时要密切关注产地环境污染、生物源危害及其他潜在污染物问题，坚决防范发生区域性、系统性、链条式问题，最大限度地消除不安全风险。

（二）要持续优化供给

要强化标准引领，坚持保数量、保多样、保质量，增加绿色优质农产品供给。近年来，我国加大了农产品认证力度，绿色、有机、地理标志农产品达到5万多个，但占上市农产品总量的比重还比较低。农产品供给多而不优，大路货同质化严重，分等分级少，个性化产品缺。"十四五"时期，要围绕高质量保供，统筹推进两个"三品一标"，生产方式上要大力推进品种培优、品质提升、品牌打造和标准化生产，产品上要大力发展绿色、有机、地理标志农产品，推行食用农产品达标合格证制度。

（三）要压紧压实责任

要进一步发挥食品安全工作评议考核、质量工作考核以及延伸绩效考核作用，压实"三个责任"，健全监管制度机制。近年来我国在完善监管制度方面下了很大工夫，对属地责任和监管责任抓的比较紧、压的比较实，对规模主体也提了很多要求，但是对个体农户的监管还是薄弱环节。大国小农是我国基本国情农情，进入新发展阶段，必须实现主体全覆盖、监管无死角，所以要想方设法压实小农户的生产主体责任。"十四五"时期，要以修订《农产品质量安全法》为契机，将小农户、家庭农场纳入监管范围，全面推行合格证、追溯管理和信用监管，扎牢制度的"笼子"。

（四）要创新升级手段

运用新理念、新技术，实现监管方式手段创新。基层监管人员任务重，监管手段还比较落后，生产记录全靠手、巡查检查全靠走、隐患排查全靠瞅，传统人盯人的监管方式已经远不能适应现代农业的生产需求。"十四五"时期，要运用现代信息技术，推动生产管理方式转变，实现主体名录、生产记录、质量控制、执法处置等信息管理"一张网"、具体操作"一手握"。

（五）要不断增强能力

抓基层、强基础、固基本，提升农产品质量安全系统工作能力和水平。受机构改革影响，不少县市检测机构被划转，部分乡镇监管站职能被并到了农业综合服务机构，基层监管能力和监管任务不匹配的矛盾比较突出，这些问题要引起高度重视。不管各地机构队伍怎么设置，监管职责都不能落空，也不能削弱。"十四五"时期，要加强县乡体系队伍建设，推动各类资源向基层下沉，实施基层网格化监管，保证"事有人抓、活有人干、责有人负"。

四、2021 年农产品质量安全工作重点

2021 年是"十四五"开局之年，也是建党 100 周年，做好农产品质量安全工作具有特殊重要的意义。2021 年的农产品质量安全工作重点有以下 7 个方面。

（一）启动"治违禁促提升"行动计划

当前禁用药物使用等突出问题主要体现在"一枚蛋"（禽蛋）、"一只鸡"（乌鸡）、"两棵菜"（芹菜、豇豆）、"三条鱼"（加州鲈、乌鳢、大黄鱼），这是质量安全领域的"老大难"问题。农业农村部下定决心，将采取"一个问题品种、一张整治清单、一套攻坚方案、一批管控措施"的"四个一"治理模式逐个去攻克。各地要积极行动起来，对照农业农村部确定的整治重点，结合本地实际细化整治方案。对辖区内的生产主体、主产品种、用药种类、农资店铺等，迅速建立台账，包片包户、责任到人。同时，要加大宣传培训力度，增强生产者质量安全意识，严格落实安全用药间隔期休药期制度。这轮机构改革后，部分地区农产品质量安全监管和农业综合执法的衔接还不够顺畅，要研究理顺机制，强化执法办案。借鉴惩治长江流域非法捕捞等违法犯罪的经验，抓紧出台农产品质量安全领域行刑衔接办法，建立农业农村部门与公检法的紧密协作联动机制。各地监管检测机构要与农业综合执法机构紧密协作，强化检打联动，严打违法违规行为。

（二）强化监测预警和应急处置

农产品质量安全工作要坚持下先手棋、打主动仗，发挥好风险监测、风险评估作用。农业农村部将采取信息化手段，加强监测资源统筹、信息共享，建立农产品质量安全数据直报和统计分析制度，2021 年首先把部省两级监测数据统起来。风险评估要奔着问题去、盯着隐患走，摸清风险来源，"一品一策"提出管控措施。各地要想方设法扩大监测范围，做到农产品质量安全定量监测每千

人 1.5 批次。进一步强化应急机制，提升应对能力，对出现的突发问题和负面舆情，第一时间核查处理，决不能贻误战机，要及时报告、相互通气、及时主动回应。

（三）推进现代农业全产业链标准化

标准决定质量，坚持以高标准体系引领高质量发展。要强化标准的顶层设计，围绕农业产业发展，突出安全保障、品质提升、绿色发展等重点领域，加快农业高质量发展标准体系构建。新制定农兽药残留标准 1 000 项，农业行业标准 200 项。要将开展现代农业全产业链标准化试点作为推动标准落地创新启动的重点工作，以产品为主线、质量控制为核心，试点推进农产品全产业链标准化，打造一批按标生产的示范典型。2021 年要抓紧开展 10 个试点，力争 5 年内建成全产业链标准化集成应用基地 300 个，培育一批农业龙头企业"领跑者"。

（四）发展绿色优质农产品

围绕推进两个"三品一标"重点任务，着力提升绿色优质农产品供给能力。要稳步发展绿色、有机、地理标志农产品，2021 年再认证 1 万个。深入实施地理标志农产品保护工程，再支持 200 个产品培育发展，推动地理标志农产品生产标准化、产品特色化、身份标识化、全程数字化。加快发展名特优新农产品，扩大农产品全程质量控制技术体系试点范围和总量规模，探索实施良好农业试点。要推进农产品品质提升，抓紧建立农产品品质指标体系，认定一批农产品品质分析评价机构，制定一批技术规范和检测方法标准，配套开展品质评价、分等分级等工作。

（五）大力推行食用农产品达标合格证制度

农业农村部 2020 年 12 月在江苏常州召开了现场会。2021 年要以更大的力度推进试行工作，从"巩固、达标、提升"3 个方面来发力。巩固，就是对照试行方案再加码，继续推进。特别要加强与市场监管部门的协调，争取出台两部门方案，打造一批批发市场查验合格证的示范点，提升带证农产品的市场认可度。各地要提高新型农业经营主体覆盖率，引导小农户规范开具合格证。达标，是合格证的核心。各地尤其是县乡监管部门，要在抓合格证的同时强化监管措施，在安全用药指导、主体名录建立、巡查检查、快速检测、监督抽查、执法查处等方面下更大工夫，实现合格证制度与已有监管措施的融合推进。提升，就是向前一步推行生产过程信息化、可溯源化，向后一步推进信用管理，构建开证主体的信用评价机制。

（六）完善农产品质量安全治理体系

健全法律法规。推动出台新的《中华人民共和国农产品质量安全法》，与《中华人民共和国食品安全法》两法衔接、各有侧重。要推进信用监管。探索"信用＋分级监管""信用＋产品认证"等应用试点。出台农产品质量安全信用管理试行办法，制定信用体系建设基本规范和信用评价标准，开展"信用农产品质量安全中国行"系列活动。要完善农产品追溯制度。加强国家农产品追溯平台推广应用，完成所有省份的平台对接，入驻企业达到40万家以上。要大力推进市场化利用，探索开展全程追溯试点，推广一批追溯典型案例和标杆示范企业。

（七）强化基层监管能力建设

县乡两级是农产品质量安全工作的第一战场，是监管执法的前沿阵地，决不能放松懈怠，决不能弱化。要发挥国家农产品质量安全县"排头兵"作用，修改考核办法，建立县（市）长答辩制度，新创建100个国家农产品质量安全县。对已经授牌的，要开展动态核查和跟踪评价，总结推广创建成功经验，打造"一县一亮点"。开展第二批国家农产品质量安全县与脱贫摘帽县结对帮扶活动。要稳住监管检测"基本盘"，加快出台农产品质量安全网格化监管的意见，落实"区域定格、网格定人、人员定责"要求。稳定农产品质量安全检验检测体系，加强基层监管服务人才体系队伍建设，在健全监管员、检测员基础上，探索建立村级协管员、企业内控员、社会监督员队伍。要提高监管信息化水平，积极争取中央投资建设农产品质量安全综合监管平台，强化大数据管理和应用。推进世界银行贷款"阳光农产品质量安全"试点项目，在种养殖过程中推广应用物联网、人工智能等新技术，实现生产管理和档案记录信息化、可视化。

（该文根据作者在全国农产品质量安全监管工作视频会议上的讲话整理，略有删节）

全国绿色食品原料标准化生产基地建设与管理办法

（2020 年 12 月 21 日发布）

第一章　总　则

第一条　为加强绿色食品原料标准化生产基地建设与管理，进一步夯实绿色食品发展基础，保障绿色食品加工企业的原料供给，进一步强化绿色食品标准化生产，发挥示范农业绿色发展作用，推进绿色食品事业持续健康发展，根据《绿色食品标志管理办法》及有关规定，制定本办法。

第二条　全国绿色食品原料标准化生产基地（以下简称基地）是指符合绿色食品产地环境质量标准，按照绿色食品技术标准、全程质量控制体系等要求实施生产与管理，建立健全并有效运行基地管理体系，具有一定规模，并经中国绿色食品发展中心（以下简称中心）审核批准的种植区域或养殖场所。

第三条　基地建设原则上由县级人民政府负责组织实施，以发挥示范农业绿色发展和夯实绿色食品发展基础为目标，坚持"政府推进、产业化经营、相对集中连片、适度规模发展"的原则，推动农产品的区域化布局、标准化生产、产业化经营、规模化发展和品牌化引领，增强农业竞争力，促进农业增效、农民增收。落实绿色食品全程质量控制的各项标准及制度，全面推行绿色食品标准化生产，强化产销对接能力，为绿色食品生产企业提供所需的优质原料，逐步成为绿色食品加工和养殖企业的原料供应主体。

第四条 基地建设与管理工作包括创建、验收、续报与监管等内容。中心负责基地的审核认定、基地监管工作的督导。省级绿色食品工作机构（以下简称省级工作机构）负责本行政区域内基地创建、验收、续报申请的受理、初审，并负责基地建设指导和监督管理工作。基地建设单位负责基地建设和日常管理工作，接受省级工作机构监督管理，保证基地产品质量安全，并对基地原料产品质量及信誉负责。

第二章 创 建

第五条 创建基地是经中心批准，进入创建期至验收合格阶段的基地。创建基地不具备"全国绿色食品原料标准化生产基地"资格，其原料产品不得作为绿色食品原料对外供应。

第六条 申请创建基地基本条件：

（一）申请创建基地的县级人民政府对县域绿色食品原料标准化生产基地建设有规划、措施和经费保障。

（二）县级人民政府应成立由主管领导和有关部门负责人组成的基地建设领导小组，统一指导基地建设工作。基地建设领导小组下设基地建设办公室（以下简称基地办），具体承担基地日常生产管理、技术指导和组织协调等各项工作。基地办须具备统筹、组织、协调农技推广、农业投入品监管等与基地建设密切相关部门的能力，能够依托现有架构建立符合基地建设所需专门技术服务和质量保障体系。基地建设涉及各生产单元（或有关乡镇）应配套落实基地建设责任人，技术服务、质量监督和综合管理人员，各村落实具体负责人员。县级人民政府应建立健全基地建设目标责任制度，将基地建设管理工作纳入各部门绩效考核体系。

（三）申请创建的基地环境符合《绿色食品 产地环境质量》标准要求。基地周围5公里和主导风向的上风向20公里范围内不得有污染源。

（四）申请创建的基地农业生产基础设施配套齐全，农业技术推广服务体系健全，县乡村三级技术管理制度完善。

（五）土地相对集中连片，已实现区域化、专业化、规模化种植。基地应以1种农产品为主，轮作可有多种作物。同一农产品种植规模不少于3万亩，对于部分地区（特别是南方地区），有地方特色、带动能力强的优势农产品，其创建基地规模可调整为不低于1万亩。

（六）申请创建的基地基本结束小规模农户分散生产经营模式，通过土地流转或统一管理、合作经营等形式，初步具备了产业化对接企业或农民专业合作社（以下简称对接企业）参与基地日常生产管理、监督与营销的条件，在一定范围内实现了"基地＋企业＋农户"生产经营模式，具备实行统一优良品种、统一生产操作规程、统一投入品供应和使用、统一田间管理、统一收获的生产管理基础。

（七）申请创建的基地建设单位具备一定的绿色食品工作基础，包括已有绿色食品管理人员，同时具有绿色食品产品申报及管理经验。

（八）具备设立试验示范田的能力，能够依托县域农技服务部门或种植（养殖）大户力量开展绿色食品生产资料和绿色防控技术等大田试验、示范及数据收集整理工作。

（九）农业生产者（农户）有建设基地的要求。

（十）对于蔬菜和水果基地的创建，除满足本条第（一）至（九）项外，还应满足基地原料产品有对接企业收购加工并开发出绿色食品产品，或属于供港澳蔬菜种植基地、备案的出口蔬菜种植基地。

第七条 申请创建基地须提交的材料：

（一）《全国绿色食品原料标准化生产基地创建申请表》。

（二）拟创建基地地图及生产单元分布图。清晰反映县域行政区划范围内基地的具体位置及基地生产单元分布情况，标明现状公路、铁路及工矿业区情况。生产单元须统一编号。

（三）县级环保部门出具的基地环境现状证明材料，须包括申报年度县域空气、土壤、水及污染源分布等情况描述。

（四）拟创建基地建设规划、措施和经费保障等相关证明材料。

（五）基地建设组织管理体系文件：

1. 成立基地建设领导小组文件，包括成员单位名单及其职责。

2. 成立基地建设办公室文件，明确机构职能、人员及职责分工。

3. 基地单元负责人、技术服务、质量监督和综合管理人员以及各村配备具体工作人员名单。

4. 各基地单元全部农户档案，应包含农户姓名、生产单元地块编号、生产面积、种植/养殖品种、联系方式等信息（以电子表格形式提交）。

5. 县、乡、村监督管理队伍体系架构图。

6. 县、乡、村农业技术推广服务体系架构图。

（六）基地建设管理制度包括：

1. 基地环境保护制度。

2. 生产技术指导和推广制度，包括按照绿色食品技术标准制定的生产作业指导书样本、基地范围内病虫害统防统治具体措施、绿色防控技术推广措施等。

3. 绿色食品专项培训制度。

4. 生产档案管理和质量可追溯制度，包含投入品购买记录、田间生产管理与投入品使用记录、收获记录、仓储记录、交售记录样本，其中田间生产管理与投入品使用记录内容应包括生产地块编号、种植者、作物名称、品种、种植面积、播种或移栽时间、土壤耕作情况、施肥时间、施肥量、病虫草害防治种类、施药时间、用药品种、剂型规格及数量等。

5. 农业投入品管理制度，包含县域内投入品管理体系、市场准入制度、监督管理制度、基地允许使用的农药清单及肥料使用准则、基地允许使用的投入品销售及使用监管措施等。

6. 综合监督管理及检验检测制度，包括针对基地环境、生产过程、产品质量及相关档案记录的具体监督检查措施。

（七）对接企业与农户对接监管模式及随机抽取的 3 份购销协议复印件。

（八）基地拟设试验田位置图、管理人员名单、职责分工及运行管理、成果推广制度。试验田布点要科学合理，能够满足示范辐射覆盖全部基地生产单元。

（九）创建蔬菜和水果基地，除提供第（一）至（八）项材料外，还须提供对接加工企业情况或供港澳蔬菜种植基地、备案的出口蔬菜种植基地证明材料。蔬菜基地提供各基地单元作物种类、种植面积、轮作计划等详细情况说明。

第八条 创建基地申请程序：

（一）由县级人民政府向省级工作机构提出创建基地申请，提交第七条要求的全部材料，按所列顺序编制成册。

（二）省级工作机构对申请材料进行初审，对初审合格者进行现场检查，出具报告，并对现场检查合格者委托符合《绿色食品标志管理办法》第七条规定的检测机构进行基地环境质量监测，并由其出具环境质量监测报告。

（三）省级工作机构将申请材料、环境质量监测报告、现场检查报告、现场检查照片和《创建全国绿色食品原料标准化生产基地省级工作机构初审报告》一并报中心。

（四）中心对省级工作机构递交的材料进行审核。通过审核的单位，由中心批准进入创建期。获批创建单位与省级工作机构签订基地创建管理协议，报中心备案。

（五）自批准创建之日起计算，基地创建期为两年。创建期满，创建单位可根据实际情况提出验收申请或创建延期申请。延期申请经省级工作机构报中心批准后，创建期可延长1年。对逾期未提出任何申请的单位，取消其创建资格。

第九条 创建期工作要求：

（一）创建单位按照申请材料中审核通过的各项内容及制度有关要求，认真组织实施相关工作：

1. 依托现有农技推广服务体系，培养建设专门的绿色食品生产技术推广员队伍。

2. 完成对基地各级管理人员、农技推广人员、对接企业生产管理人员及基地内所有农户的绿色食品知识、技术、基地建设管理制度专项培训，培训档案完整保存。向农户发放绿色食品生产操作规程、绿色食品生产者使用手册、基地允许使用的农药清单及肥料使用准则，并指导其使用。

3. 保持和优化农业生态系统，采用农业措施和物理生物措施，防治病虫草害。

4. 在基地各生产单元的生产、生活区设置绿色食品生产技术宣传栏（形式不限），向基地内农户普及绿色食品标准和相关技术。宣传栏必须覆盖全部基地单元。

5. 组织力量建立县、乡、村、户生产管理体系，逐级落实生产管理任务，并安排基层工作人员按照生产档案管理制度要求，统一发放、指导并督促农户如实填写投入品购买、田间生产管理与投入品使用、收获、仓储、交售记录。以上各项记录应完整详实，在产品出售后10日内提交基地办存档，并完整保存5年。

6. 在基地内积极开展示范乡（镇）、示范村和示范户建设工作，有效推进标准化生产。

7. 实行基地允许使用农业投入品公告制，在各基地单元宣传栏明示基地允许使用的农药清单及肥料使用准则。

8. 建立基地投入品专供点，指导农户按照绿色食品投入品使用要求购买及使用。专供点内须张贴基地允许使用的农药清单和肥料使用准则，并对绿色食品生产用投入品的销售进行台账登记管理。有条件的基地可以引入绿色食品生产投入品供应和使用统一托管服务，严把投入品源头使用关。

9. 县区级有关部门每年应对基地投入品销售及使用情况进行专项监督检查。基地办须将所有检查情况及问题予以记录归档留存。

10. 建立由相关部门组成的综合监督管理队伍，开展经常性综合监督检查，有关检查记录交基地办统一归档留存。有条件的单位，建立检验检测体系，定期对基地产品和环境进行检验检测。

11. 建立基地保护区。不得在基地周围 5 公里和主导风向的上风向 20 公里范围内新增污染源，防止对基地造成污染。基地内的畜禽养殖场粪水要经过无害化处理，施用的农家肥必须经高温发酵，确保无害。

12. 加强山、水、林、田、路等综合设施建设，不断改善和提高基地的生产条件和环境质量。

13. 指导对接企业按照第七条第（七）项提交的监管模式，积极参与基地生产管理、产品收购、加工与销售。

（二）依托已有绿色食品工作基础，积极支持、指导基地对接企业开展绿色食品产品申报工作。

（三）在基地试验田组织开展绿色食品生产资料、绿色防控技术等相关大田试验，收集数据比对分析，对效果良好的绿色食品生产资料和防控技术加以推广普及。

（四）严格按照创建申报的作物种类进行种植生产，如因故调整基地范围内作物种类，须向省级工作机构提交情况说明，报中心核准。

（五）每年 11 月底前须向省级工作机构提交创建基地年度工作总结和县级环保部门出具的基地环境现状证明材料。

（六）创建单位可自愿选择设立标识牌。标识牌须按照统一模板要求，规范填写基地创建单位、基地名称、范围、面积、栽培品种、主要技术措施等内容。标识牌必须标明"创建期"字样。

（七）自觉接受省级工作机构的业务指导、监督与管理。

第十条 在创建期内，对出现下列情况的创建单位，取消其创建资格：

（一）创建基地范围内环境发生变化，无法达到《绿色食品 产地环境质量》标准要求。

（二）创建基地范围内使用绿色食品禁用投入品。

（三）未按要求组织开展基地试验田试验、示范及数据分析工作。

（四）未按照创建申报的作物种类进行种植生产，且未按要求申请核准。

（五）未按时提交创建基地年度工作总结和县级环保部门出具的年度基地环境现状证明材料。

（六）标识牌上未注明"创建期"字样，或超范围标识基地范围、产品种类等。

（七）未获得绿色食品证书的创建基地产品使用绿色食品标志。创建基地产品包装上标注"全国绿色食品原料标准化生产基地"字样。

第十一条 被取消创建资格的单位，原则上两年内不再受理其创建申请。

第三章　验　收

第十二条 中心对创建基地验收工作进行统一管理。

第十三条 验收依据：

（一）《绿色食品标志管理办法》。

（二）绿色食品生产技术标准及规范。

（三）绿色食品基地管理相关制度。

（四）国家相关法律、法规及规章。

第十四条 申请验收条件：

（一）创建期满后，经自查，创建基地已建立健全包括组织管理、生产管理、投入品管理、技术服务、基础设施和环境保护、产业化经营、监管在内的七大体系，并运行良好。

（二）各类创建档案资料齐全，且管理规范。

（三）完成创建基地区域内各级管理人员、农技推广人员、对接企业工作人员和农户全员培训工作。上述人员基本掌握绿色食品技术标准和生产操作规程。

（四）创建基地区域内已有以本基地产品为原料来源获得绿色食品标志使用权的产品或已获得绿色食品标志使用权的加工企业在创建基地区域内建设了稳定的生产基地。创建基地内获得绿色食品标志使用权的产品产量所需原料量不低于基地原料总量的15%。

（五）按时提交创建基地年度工作总结和县级环保部门出具的各年度基地环境现状证明材料。工作总结内容完整详实，环境评价报告真实、有效反映基地范围内环境现状。

（六）基地原料产品质量符合绿色食品产品适用标准相关要求，经检测合格。

（七）创建基地试验田管理良好，发挥了绿色食品生产技术、绿色食品生产资料、绿色防控技术等示范推广作用。

第十五条 申请验收须提交的材料：

（一）《全国绿色食品原料标准化生产基地验收申请表》。

（二）申请之日前1年内，创建基地原料产品全项检测报告。

（三）对接企业的绿色食品产品证书复印件。

第十六条 申请验收程序：

（一）申请验收前，创建单位组织有关力量对创建期工作进行全面自查后填写《全国绿色食品原料标准化生产基地验收申请表》，并将完整的申报材料报省级工作机构审查。

（二）省级工作机构对文审合格的创建基地进行现场检查，出具报告；对文审不合格的创建基地，提出整改意见，整改期最长为3个月，整改后再行提交验收申请。逾期未提交申请者，视为自动放弃创建资格。

（三）省级工作机构将创建基地验收申报材料、现场检查报告及现场检查照片报中心。

（四）中心对相关材料进行审核，并委派专家组成验收小组对通过材料审核的创建基地进行现场核查。

（五）验收小组按照有关要求开展验收工作，提交验收现场核查报告、现场照片等材料。

（六）中心进行审议。对综合评定合格的创建基地，由中心正式批准成为全国绿色食品原料标准化生产基地，颁发证书。证书标注基地作物名称、基地规模，有效期为5年。同时获批基地建设单位与中心、省级工作机构签订基地建设管理协议。对综合评定未达标的创建基地，根据专家意见，分别予以延长创建期1年或者取消创建资格且两年内不再受理其创建申请的批复。

第四章　基地建设管理

第十七条 获得"全国绿色食品原料标准化生产基地"资格的基地须按照如下要求，认真开展基地建设管理工作：

（一）严格按照绿色食品技术标准要求，强化基地七大管理体系建设，按照第九条第（一）至（三）项中包含的各项内容及有关制度要求开展基地建设工作。

（二）每年 11 月底前须向省级工作机构提交基地建设年度工作总结和县级环保部门出具的基地环境现状证明材料。

（三）基地建设单位可自愿设立基地标识牌。标识牌按照统一模板要求规范填写基地建设单位、基地名称、范围、面积、栽培品种、主要技术措施等内容。

（四）基地作物类别、面积发生变化，须以书面形式将有关情况上报省级工作机构。省级工作机构核实后，上报中心。中心视具体情况予以批复。

（五）参与基地建设并经中心备案的对接企业，其收购、销售的原料产品包装上可以标注"全国绿色食品原料（作物名称）标准化生产基地"字样。

第十八条 对出现下列情况的基地，中心将撤销其"全国绿色食品原料标准化生产基地"资格：

（一）基地范围内环境发生变化，无法达到《绿色食品 产地环境质量》标准要求。

（二）基地范围内使用绿色食品禁用投入品。

（三）未获得绿色食品证书的基地产品使用绿色食品标志。

（四）基地范围内发生农产品质量安全事件。

（五）未按时提交基地建设年度工作总结和年度基地环境现状证明材料。

（六）基地作物类别、面积发生变化，未按要求上报。

第五章　续　报

第十九条 基地建设单位在证书有效期满前 6 个月，自愿进行基地续报申请。

第二十条 续报申请条件：

（一）基地作物类别、面积及产地环境未发生变化或变化已报批。

（二）基地生产符合绿色食品标准要求，基地七大管理体系运行良好。

（三）有加工企业使用基地原料生产的产品获得绿色食品标志使用权，其产品产量使用基地原料量，目标性要求应达到50%。

（四）基地年度监督检查结论均为合格。

（五）基地原料产品质量检测合格。

（六）基地建设各类档案资料齐全，且管理规范。

（七）绿色食品生产资料、防控技术推广应用范围广，成效显著。

第二十一条 续报申请须提交材料：

（一）《全国绿色食品原料标准化生产基地续报申请表》。

（二）基地证书复印件。

（三）全部对接企业绿色食品产品证书复印件。

（四）申请之日前1年内基地原料产品全项检测报告。

（五）产地范围、面积、环境质量等均未发生改变，县级环保部门出具的各年度环境现状证明材料齐备，并经省级工作机构审核符合《绿色食品 产地环境质量》标准要求的，可免予环境监测；产地范围、面积、环境质量中任何一项发生变化且确需环境监测的，按有关规定实施环境补充监测，提交环境质量监测报告。

第二十二条 续报申请程序：

（一）基地证书有效期满前6个月，符合续报申请条件的基地建设单位自愿向省级工作机构提交《全国绿色食品原料标准化生产基地续报申请表》和有关材料。

（二）省级工作机构以第十三条为依据，在基地证书有效期满前3个月组织专家对提出续报申请的基地进行现场检查，出具现场检查报告及审查意见。

（三）基地续报审查意见为合格的，省级工作机构将续报申请材料、现场检查报告、现场检查照片及审查意见报中心。基地续报审查意见为整改的，基地建设单位必须于省级工作机构出具审查意见之日起 3 个月内完成整改，并将整改措施和结果报省级工作机构申请复查。省级工作机构及时组织复查并做出结论后，随上述材料一并报中心。

（四）中心对省级工作机构提交的全部材料进行审核，视具体情况选择性安排现场核查，最终根据审核结果做出评定。

（五）评定合格者继续保持"全国绿色食品原料标准化生产基地"资格，有效期 5 年。有效期满前 6 个月，自愿再行续报。有效期内，继续按照基地建设管理要求开展工作。评定不合格者，中心撤销其"全国绿色食品原料标准化生产基地"资格。

（六）基地建设单位对省级工作机构审查意见有异议的，可在省级工作机构出具审查意见之日起 15 日内，向中心提出复议申请，中心于接到复议申请 30 个工作日内做出决定。

第六章　监　管

第二十三条　省级工作机构应结合当地绿色食品质量监督检查工作安排，制定基地监管工作实施细则，对辖区内基地开展有效监管。

第二十四条　省级工作机构应采取定期年检和不定期抽检相结合的方式进行监管。基地监管工作中的抽检可与当地自行抽检产品年度计划相结合。

（一）基地年度检查：

1.年度检查是省级工作机构每年对辖区内基地七大管理体系有效运行情况实施的监督检查工作。

2.年度检查主要检查基地产地环境、生产投入品、生产管理、质量控制、档案记录、产品预包装标签、产业化经营等方面情况。

年度检查材料应当包括年度现场检查报告和《全国绿色食品原料标准化生产基地监督管理综合意见表》（以下简称综合意见表）。

3. 年度检查应当在作物（动物）生长期进行，由至少2名具有绿色食品检查员或监管员资质的工作人员实施。检查应当包括听取汇报、资料审查、现场检查、访问农户和产业化经营企业、总结等5个基本环节。要求对每个工作环节进行拍照留档。

4. 检查人员在完成检查后，须向省级工作机构分管基地工作的负责人提交年度现场检查报告。年度检查报告应全面、客观地反映基地各方面情况，并随附现场检查照片。

5. 自创建期起，省级工作机构须每年对辖区内蔬菜基地产品进行监督抽检并出具报告。抽检范围须覆盖基地核准的全部种类，对基地范围内已全部开发为绿色食品产品的种类可免予本项抽检。

6. 省级工作机构根据年度检查报告（蔬菜基地包括抽检产品报告）对基地进行综合评定，并在综合意见表中签署意见。评定结论分为合格、整改和不合格3个等级。基地现场检查人员、省级工作机构分管基地工作的负责人分别对年度检查报告和年度综合评定结论负责。

7. 评定结论为整改的，基地建设单位必须在接到省级工作机构通知之日起3个月内完成整改，并将整改情况报省级工作机构申请复查。省级工作机构及时组织复查并做出结论。评定结论为不合格、超过3个月不提出复查申请或复查不合格的，由省级工作机构报请中心撤销其"全国绿色食品原料标准化生产基地"资格。

8. 基地建设单位对年度监督管理结论有异议的，可在接到通知之日起15个工作日内，向省级工作机构提出复议申请或直接向中心申请仲裁。省级工作机构应于接到复议申请15个工作日内做出复议结论，中心应于接到仲裁申请30个工作日内做出仲裁决定。不可同时申请复议和仲裁。

9. 省级工作机构应于每年年底前完成辖区内基地年度检查

工作。

（二）不定期抽检：

1.省级工作机构应编制年度抽检基地产品计划，每年抽检基地数量不得低于辖区基地总量的30%。

2.按照计划对辖区内基地产品进行抽样检测。抽检产品的检验项目和内容不得少于中心年度抽检规定的项目和内容。

3.基地建设单位应自觉接受监管。对拒不接受监管和抽检产品不合格的基地，由省级工作机构报中心，撤销其"全国绿色食品原料标准化生产基地"资格。

第二十五条　省级工作机构对辖区内各基地上报的基地建设年度工作总结（或创建基地年度工作总结）和年度环境现状证明材料予以审核，对发现的问题，按照第九、十、十七、十八条有关规定，视情况要求基地进行整改或上报中心。

第二十六条　省级工作机构应于每年12月31日前将辖区内基地年度监管工作总结、各基地年度现场检查报告副本、蔬菜基地抽检产品报告副本、《全国绿色食品原料标准化生产基地监督管理综合意见表》以及各基地上报的基地建设年度工作总结（或创建基地年度工作总结）和年度环境现状证明材料一并报中心。

第二十七条　省级工作机构应制定基地风险信息报告制度，要求基地建设单位加强日常巡查，对已发现基地环境、产品安全风险信息的，及时报告省级工作机构。

第二十八条　省级工作机构应及时收集和整理主动监测、执法监管、实验室检验、国内外机构组织通报、媒体网络报道、投诉举报以及相关部门转办等与基地环境、产品安全等内容有关的各类信息，并组织开展基地质量安全风险分析。对经核实、整理的信息提出初步处理意见，并及时向中心报告。中心接到报告后，应及时启动应急处置预案，进行风险评估和处置。

第二十九条　省级工作机构应当建立完整的基地管理工作档

案。档案资料须包括基地创建材料、验收材料、续报材料、《全国绿色食品原料标准化生产基地证书》复印件、年度检查材料、基地抽检产品报告、基地年度工作总结、年度环境现状证明材料和风险预警材料等。

第三十条 对未按要求完成辖区内基地年检和不定期抽检工作、未按要求提交第二十六条所列材料的省级工作机构，中心暂停其辖区内下一年度基地创建申报受理工作。

第三十一条 基地暂停和注销：

（一）因不可抗拒的外力原因致使基地暂时丧失建设或续报条件的，基地建设单位应经省级工作机构向中心提出暂时停止使用"全国绿色食品原料标准化生产基地"资格的申请，暂停期间基地绿色食品原料供给资格同时暂停。待基地各方面条件恢复原有水平，经省级工作机构实地考核评价合格，并报中心批准后，再行恢复其资格。

（二）申请自动放弃基地认定资质的，经省级工作机构报中心，由中心注销其"全国绿色食品原料标准化生产基地"资格。对于期满后超过3个月未提交续报申请的基地，视为自动放弃。

第三十二条 中心对被撤销和注销"全国绿色食品原料标准化生产基地"资格的基地予以通报，省级工作机构负责收回有效期内证书。被撤销基地资格的单位，原则上5年内不再受理其创建申请。

第七章 附 则

第三十三条 本办法适用于种植业基地。养殖业（含水产养殖）基地相关管理办法另行制定。

第三十四条 农垦系统可独立组织基地创建与管理工作，具体要求参照本办法。

第三十五条 本办法由中心负责解释。

第三十六条 本办法自公布之日起施行。原农业部绿色食品管理办公室和中国绿色食品发展中心印发的《全国绿色食品原料标准化生产基地建设与管理办法（试行）》（农绿〔2017〕14号）同时废止。

绿色食品生产资料标志管理办法

（2019 年 8 月 26 日发布）

第一章 总 则

第一条 为了加强绿色食品生产资料（以下简称绿色生资）标志管理，保障绿色生资的质量，促进绿色食品事业发展，依据《中华人民共和国商标法》、《农产品质量安全法》和《绿色食品标志管理办法》等相关规定，制定本办法。

第二条 本办法中所称绿色生资，是指获得国家法定部门许可、登记，符合绿色食品生产要求以及本办法规定，经中国绿色食品协会（以下简称协会）审核，许可使用特定绿色生资标志的生产投入品。

第三条 绿色生资标志是在国家商标局注册的证明商标，协会是绿色生资商标的注册人，其专用权受《中华人民共和国商标法》保护。

第四条 绿色生资标志用以标识和证明适用于绿色食品生产的生产资料。

第五条 绿色生资管理实行证明商标使用许可制度。协会按照本办法规定对符合条件的生产资料企业及其产品实施标志使用许可。未经协会审核许可，任何单位和个人无权使用绿色生资标志。

第六条 绿色生资标志使用许可的范围包括：肥料、农药、饲料及饲料添加剂、兽药、食品添加剂，及其他与绿色食品生产相关的生产投入品。

第七条　协会负责制定绿色生资标志使用管理规则，组织开展标志使用许可的审核、颁证和证后监督等管理工作。省级绿色食品工作机构（以下简称省级工作机构）负责受理所辖区域内使用绿色生资标志的申请、现场检查、材料审核和监督管理工作。

第八条　各级绿色食品工作机构应积极组织开展绿色生资推广、应用与服务工作，鼓励和引导绿色食品企业和绿色食品原料标准化生产基地优先使用绿色生资。

第二章　标志许可

第九条　凡具有法人资格，并获得相关行政许可的生产资料企业，可作为绿色生资标志使用的申请人。申请人应当具备以下资质条件：

（一）能够独立承担民事责任；

（二）具有稳定的生产场所及厂房设备等必要的生产条件，或依法委托其他企业生产绿色生资申请产品；

（三）具有绿色生资生产的环境条件和技术条件；

（四）具有完善的质量管理体系，并至少稳定运营一年；

（五）具有与生产规模相适应的生产技术人员和质量控制人员。

第十条　申请使用绿色生资标志的产品（以下简称用标产品）必须同时符合下列条件：

（一）经国家法定部门许可；

（二）质量符合企业明示的执行标准（包括相关的国家、行业、地方标准及备案的企业标准），符合绿色食品投入品使用准则，不造成使用对象产生和积累有害物质，不影响人体健康；

（三）有利于保护或促进使用对象的生长，或有利于保护或提高使用对象的品质；

（四）在合理使用的条件下，对生态环境无不良影响；

（五）非转基因产品和以非转基因原料加工的产品。

第十一条 申请和审核程序：

（一）申请人向省级工作机构提出申请，并提交《绿色食品生产资料标志使用申请书》及相关证明材料（一式两份）。有关申请表格可通过协会网站（www.greenfood.agri.cn/lsspxhpd）或中国绿色食品网（www.greenfood.agri.cn）下载。

（二）省级工作机构在 15 个工作日内完成对申请材料的初审。初审符合要求的，组织至少 2 名有资质的绿色生资管理员在 30 个工作日内对申请用标企业及产品的原料来源、投入品使用和质量管理体系等进行现场检查，并提出初审意见。初审合格的，将初审意见及申请材料报送协会。初审和现场检查不符合要求的，做出整改或暂停审核决定。

省级工作机构应当对初审结果负责。

（三）协会在 20 个工作日内完成对省级工作机构提交的初审合格材料和现场检查情况的复审。在复审过程中，协会可根据有关生产资料行业风险预警情况，委托省级工作机构和具有法定资质的监测机构对申请用标产品组织开展常规检项之外的专项检测，检测费用由申请使用绿色生资标志的企业（以下简称申请用标企业）承担。必要时，协会可进行现场核查。

（四）复审合格的，协会组织绿色生资专家评审委员会在 15 个工作日内完成对申请用标产品的评审。复审不合格的，协会在 10 个工作日内书面通知申请用标企业，并说明理由。

（五）协会依据绿色生资专家评审委员会的评审意见，在 15 个工作日内作出审核结论。

第十二条 审核结论合格的，申请用标企业与协会签订《绿色食品生产资料标志商标使用许可合同》（以下简称《合同》）。审核结论不合格的，协会在 10 个工作日内书面通知申请企业，并说明理由。

第十三条　按照《合同》约定，申请用标企业须向协会分别缴纳绿色生资标志使用许可审核费和管理费。

第十四条　完成上述事项后，由协会颁发《绿色食品生产资料标志使用证》（以下简称《使用证》）。

第十五条　协会对获得绿色生资标志使用许可的产品（以下简称获证产品）予以公告。公告内容包括：企业名称、获证产品名称、编号、商标、核准产量和标志使用有效期等内容。

第十六条　初审、现场检查和综合审核中任何一项不合格者，本年度不再受理其申请。

第三章　标志使用

第十七条　获证产品必须在其包装上使用绿色生资标志和绿色生资产品编号。具体使用式样参照《绿色食品生产资料证明商标设计使用规范》执行。

第十八条　绿色生资标志产品编号形式及含义如下：

LSSZ ——— XX ——— XX　XX　　XX　XXXX

绿色生资　产品　　　核准　核准　省份　产品序号

　　　　　类别　　　年份　月份（国别）

省份代码按全国行政区划的序号编码；国外产品，从 51 号开始，按各国第一个产品获证的先后为序依次编码。

产品编号在绿色生资标志连续许可使用期间不变。

第十九条　获得绿色生资标志许可使用的企业（以下简称获证企业）可在其获证产品的包装、标签、说明书、广告上使用绿色生资标志及产品编号。标志和产品编号使用范围仅限于核准使用的产品和数量，不得擅自扩大使用范围，不得将绿色生资标志及产品编号转让或许可他人使用，不得进行导致他人产生误解的宣传。

第二十条 获证产品的包装标签必须符合国家相关标准和规定。

第二十一条 绿色生资标志许可使用权自核准之日起三年内有效，到期愿意继续使用的，须在有效期满前90天提出续展申请。逾期视为放弃续展，不得继续使用绿色生资标志。

第二十二条 《使用证》所载产品名称、商标名称、单位名称和核准产量等内容发生变化，获证企业应及时向协会申请办理变更手续。

第二十三条 获证企业如丧失绿色生资生产条件，应在一个月内向协会报告，办理停止使用绿色生资标志的有关手续。

第四章 监督管理

第二十四条 协会负责组织绿色生资产品质量抽检，指导省级工作机构开展企业年度检查和标志使用监察等监管工作。

第二十五条 省级工作机构按照属地管理原则，负责本地区的绿色生资企业年度检查、标志使用监察和产品质量监督管理工作，定期对所辖区域内获证的企业和产品质量、标志使用等情况进行监督检查。

第二十六条 获证企业有下列情况之一的，由省级工作机构作出整改决定：

（一）获证产品未按规定使用绿色生资标志、产品编号的；

（二）获证产品的产量（指实际销售量）超过核准产量的；

（三）违反《合同》有关约定的。

整改期限为一个月，整改合格的，准予继续使用绿色生资标志；整改不合格的，由省级工作机构报请协会取消相关产品绿色生资标志使用权。

第二十七条 对发生下列情况之一的获证企业，由协会对其作出取消绿色生资标志使用权的决定，并予以公告：

（一）许可使用绿色生资标志产品不能持续符合绿色生资技术规范要求的；

（二）违规添加绿色生资禁用品的；

（三）擅自全部或部分采用未经协会核准的原料或擅自改变产品配方的；

（四）未在规定期限内整改合格的；

（五）丧失有关法定资质的；

（六）将绿色生资标志用于其他未经核准的产品或擅自转让、许可他人使用的；

（七）违反《合同》有关约定的。

第二十八条 获证企业自动放弃或被取消绿色生资标志使用权后，由协会收回其《使用证》。

第二十九条 获证企业应当严格遵守绿色生资标志许可条件和监管制度，建立健全质量控制追溯体系，对其生产和销售的获证产品的质量负责。

第三十条 任何单位和个人不得伪造、冒用、转让、买卖绿色生资标志和《使用证》。

第三十一条 从事绿色生资标志管理的工作人员应严格依据绿色生资许可条件和管理制度，客观、公正、规范地开展工作。凡因未履行职责导致发生重大质量安全事件的，依据国家相关规定追究其相应的责任。

第五章 附 则

第三十二条 协会依据本办法制定相应实施细则。

第三十三条 境外企业及其产品申请绿色生资标志使用许可的

有关办法，由协会另行制定。

第三十四条 本办法由协会负责解释。

第三十五条 本办法自 2019 年 8 月 26 日起施行，原《绿色食品生产资料标志管理办法》及其实施细则同时废止。

绿色食品标志使用管理规范（试行）

（2020 年 9 月 2 日发布）

第一章　总　则

第一条　为加强绿色食品标志保护，规范绿色食品标志使用，依据《中华人民共和国食品安全法》《中华人民共和国农产品质量安全法》《中华人民共和国商标法》《集体商标、证明商标注册和管理办法》《农产品包装和标识管理办法》等法律法规，以及《食品安全国家标准预包装食品标签通则》标准规范，按照《绿色食品标志管理办法》的相关规定，制定本规范。

第二条　本规范所称的绿色食品标志，是经国家知识产权局商标局依法注册的质量证明商标，包括"绿色食品"中英文字、标志图形及图文组合，中国绿色食品发展中心（以下简称中心）为商标的注册人，对该商标享有所有权。

第三条　经中心审查合格许可、获得绿色食品标志使用权的单位为绿色食品标志使用人（以下简称标志使用人），绿色食品标志使用证书（以下简称证书）是标志使用人合法有效使用绿色食品标志的证明。

第四条　标志使用人在证书有效期内，应在其获证产品包括但不限于包装、标签、说明书、广告宣传、展览展销等市场营销活动，以及办公、生产区域中规范使用绿色食品标志。

第五条　中心和各级绿色食品工作机构可按照《中国绿色食品

商标标志设计使用规范手册》（以下简称《手册》）相关规定使用绿色食品标志，但均不得在自己提供的商品上使用绿色食品标志。

第六条 中心依法负责全国绿色食品标志使用的统一管理，并组织实施绿色食品标志使用监督管理，各级绿色食品工作机构负责所辖区域绿色食品标志使用的日常监管。

第二章 标志使用

第七条 标志使用人应按《手册》规定在其获证产品包装、标签、说明书上使用绿色食品标志，各级绿色食品工作机构应积极鼓励、引导标志使用人将绿色食品标志用于其获证产品的广告宣传、展览展销等市场营销活动和形象宣传活动，以及办公、生产区域中。

第八条 获证产品包装、标签、说明书应符合《农产品包装和标识管理办法》《食品安全国家标准预包装食品标签通则》（GB7718）及《绿色食品 包装通用准则》（NY/T 658）等相关规定。

第九条 标志使用人应将绿色食品标志印刷（或加贴）在其获证产品包装、标签、说明书上。中心对加贴型绿色食品标志将在《手册》中进行说明。

第十条 标志使用人在其获证产品包装、标签、说明书上使用绿色食品标志时，应按《手册》规定同时使用绿色食品标志组合和绿色食品企业信息码。

第十一条 绿色食品标志组合矢量图可通过中心网站（http://www.greenfood.org.cn）下载。绿色食品标志组合矢量图可根据需要按比例放大或缩小，不得就各要素间的尺寸、组合方式做任何更改。

第十二条 标志使用人在证书有效期内，其获证产品的包装、标签、说明书上使用的绿色食品标志形式有变化时，应按规定程序报中心审核备案。

第三章　标志管理

第十三条　标志使用人应按《手册》规定规范使用绿色食品标志，应加强对印制绿色食品标志的包装、标签、说明书的管理，建立相应的管理制度，确保印制绿色食品标志的包装、标签、说明书使用在相应的获证产品上。

第十四条　中心和各级绿色食品工作机构应当加强绿色食品标志的管理工作，组织对绿色食品标志使用情况进行跟踪检查，省级绿色食品工作机构应定期组织开展绿色食品企业年检、标志市场监察活动，并积极鼓励、指导标志使用人规范使用绿色食品标志。

第十五条　标志使用人在使用绿色食品标志的过程中，自行改变绿色食品标志形式或内容，或其获证产品包装、标签、说明书所载内容与证书载明内容不一致的，或有其他不规范行为的，由省级绿色食品工作机构责令限期整改；期满不改正的，省级绿色食品工作机构应报请中心取消其绿色食品标志使用权。

第十六条　标志使用人有下列情形之一的，中心有权取消其绿色食品标志使用权，必要时移交行政执法部门调查处理，或寻求司法途径解决：

（一）私自转借、转让、变相转让、出售、赠与绿色食品标志使用权的；

（二）在非获证产品包装、标签、说明书及其经营活动中使用绿色食品标志的；

（三）逾期未提出续展申请，或者申请续展未通过继续使用绿色食品标志的；

（四）连续两年被查出违规使用绿色食品标志的；

（五）不按规定使用绿色食品标志，并拒绝整改的；

（六）其他违反规定使用或损害绿色食品标志行为的。

第十七条 有下列情形之一的，中心依照相关法律法规和相关规定进行处理，必要时移交相关行政执法部门调查处理或向法院起诉，对情节严重，构成犯罪的，报请司法机关依法追究刑事责任。

（一）未经中心许可擅自使用绿色食品标志的；

（二）伪造绿色食品标志的；

（三）使用与绿色食品标志相近、易产生误解的名称或标识及可能误导消费者的文字或图案标志的，使消费者将该产品误认为绿色食品标志的；

（四）对绿色食品标志专用权造成其他损害的。

第十八条 中心鼓励单位和个人对标志使用人的绿色食品标志使用情况、侵犯绿色食品标志专用权的行为进行社会监督。

第四章 附 则

第十九条 本规范由中心负责解释。

第二十条 本规范自颁布之日起实施。

绿色食品检查员工作绩效考评办法

（2019 年 12 月 19 日发布）

第一章　总　则

第一条　为了强化和规范绿色食品检查员（以下简称检查员）工作绩效考核评价的管理，促进工作质量和效率不断提高，依据《绿色食品标志管理办法》和《绿色食品检查员注册管理办法》，制定本办法。

第二条　本办法适用于所有经中国绿色食品发展中心（以下简称中心）核准注册的绿色食品检查员。

第三条　中心建立检查员履行材料审核和现场检查职责的个人工作档案，据此考评检查员工作绩效，并将有关情况予以通报。绩效考评结果将作为检查员资格、级别认定的重要依据。

第四条　检查员工作档案的信息主要来自申报材料和中心组织实施的复核检查。

检查员工作档案信息运行以"绿色食品审核与管理系统"为技术支撑，有关申报材料信息必须通过该系统上传中心。

第五条　绩效考核遵循工作数量与工作质量并重，更加注重工作质量的基本原则。

第二章　考核内容

第六条　绩效考核包括以下四项指标：

（一）申报材料完备率：考核申报材料不需补报的一次完备性；

（二）终审合格数量：考核材料审核和现场检查工作的有效量；

（三）终审合格率：考核材料审核和现场检查工作的有效性；

（四）申报材料真实性：考核材料审核和现场检查工作真实程度。

第七条　绩效考核分指标评分，按年度考核，逐年累计。

第三章　评分方法

第八条　申报材料完备率评分以企业数为单位，总分值40分。

申报材料完备率得分＝申报材料完备的企业数量÷材料审核（或者现场检查）企业的数量×权重×40。其中：审核企业1～5个权重为0.20，6～10个权重为0.40，11～15个权重为0.60，16～20个权重为0.80，21个以上权重为1.00。

参与同一企业材料审核和现场检查的不重复计算企业数。

第九条　终审合格数量评分以企业数及产品数为单位，分值不设上限。

每个企业的材料审核和现场检查各记2分，同一企业申报产品数超过2个，加乘权数。

同一企业申报产品数未超过2个的终审合格数量得分＝（材料审核企业数＋现场检查企业数）×2；

同一企业申报产品数超过2个的终审合格数量得分＝（材料审核企业数＋现场检查企业数）×2×[1+0.1×（X-2）]，X为产品数。

第十条　终审合格率评分以产品数为单位，总分值30分。

终审合格率得分＝终审通过产品数量÷材料审核（或现场检查）产品总数×30。参与同一企业材料审核和现场检查的产品数不重复计算。

第十一条　申报材料真实性评分以审核项目为单位，总分值30分，实行加减分制。

（一）全年申报材料未出现虚假项目的，得30分。

（二）出现以下情况之一，当年绩效考评为零分：

1. 提供虚假的现场检查证明（如：提供PS照片，或用往年或者其他企业现场检查照片代替本企业当期现场检查照片等）；

2. 提供虚假的现场检查记录；

3. 纵容申请人提供虚假材料；

4. 其他同类情况。

（三）出现以下情况之一，扣减15分（总分值30分，扣完为止）：

1. 材料中出现虚假绿色食品证书；

2. 检查员互相代签相关文件；

3. 其他同类情况。

（四）出现以下情况之一，扣减10分（总分值30分，扣完为止）：

1. 材料中出现虚假资质性文件（如：营业执照、商标注册证、食品生产许可证、防疫合格证、土地使用证等）；

2. 材料中出现虚假合同（如：虚构合同相关产品、产品量、日期、单位名称、责任人等情况）；

3. 材料中出现其他虚假材料；

4. 其他同类情况。

申报材料不真实及其责任人以及应扣分值的认定，由中心审核评价处处长牵头组成三人以上小组负责。

第十二条　第八条至第十一条的各项得分合计，为检查员年度绩效考评总分值。

第十三条　当年12月10日以后的绩效考评分值计入下一年度。

第十四条 续展工作绩效考评适用本办法。已下放省绿办的续展综合审核工作的绩效考核，中心抽查的部分，其申报材料完备率、终审合格率、申报材料真实性按抽查结果评分；中心未抽查的部分，其申报材料完备率、终审合格率、申报材料真实性按满分评分；所有完成备案的，其数量评分参照第九条执行。

第四章　考核评定

第十五条 中心每年向各省级工作机构通报本省检查员本年度及年度累计绩效考评分值，提出拟评定为本年度优秀等次检查员的名额和名单、不合格检查员名单，征求各省工作机构意见。各省级工作机构应结合本省工作实际和检查员日常工作业绩表现，提出意见反馈中心。

第十六条 中心每年依据绩效考评结果和省级工作机构意见，结合本年审查工作实际，确定优秀检查员和不合格检查员名单。优秀检查员名单在绿色食品工作系统内予以公布。不合格检查员将依据《绿色食品检查员注册管理办法》作出相应处理。

第五章　附　则

第十七条 本办法由中心审核评价处负责解释。

第十八条 本办法自 2020 年 1 月 1 日起施行，原《绿色食品检查员工作绩效考评暂行办法》同时废止。

绿色食品标志监督管理员工作绩效考评实施办法

（2019 年 12 月 19 日发布）

第一章 总 则

第一条 为加强绿色食品质量监督检查工作，强化和规范绿色食品标志监督管理员（以下简称监管员）工作绩效考核，充分调动监管员的积极性，依据《绿色食品标志管理办法》和《绿色食品标志监督管理员注册管理办法》及相关工作制度，特制定本办法。

第二条 本办法适用于所有经中国绿色食品发展中心（以下简称中心）核准注册的并在监管岗位履职的监管员。

第三条 监管员工作绩效考核遵循工作数量和工作质量相结合的原则，每年度考核一次，考核结果在绿色食品工作系统内予以公布。

第二章 考核内容

第四条 绩效考评内容：

（一）指导绿色食品用标企业（以下简称企业）贯彻执行绿色食品管理制度和生产标准，督促企业履行《绿色食品标志许可使用合同》，为企业提供相关咨询服务的情况；

（二）对企业进行年检实地检查及完成情况；

（三）协助配合绿色食品定点监测机构开展产品抽检工作情况；

（四）开展绿色食品标志市场监察，配合行政执法部门查处违规用标和假冒绿色食品，维护绿色食品市场秩序工作情况；

（五）查找、收集质量安全风险预警信息，协助做好绿色食品行业与区域质量安全风险防控工作情况；

（六）指导、支持下级绿色食品管理机构的监管员和企业内检员开展工作情况；

（七）参加中心和省级工作管理机构培训活动；

（八）开展绿色食品监督检查工作调查研究工作情况。

第三章　考核组织

第五条　省级工作管理机构负责组织开展本辖区监管员的考核工作，中心标识管理处具体负责核准工作。

第六条　省级工作管理机构须于当年 12 月 31 日前将本年度考核结果报中心。

第七条　中心于次年 1 月底完成核准工作，期间将对各省的考核结果和工作情况进行抽查。如发现存在弄虚作假情况将取消当事人监管员资格并对相关省级工作机构通报批评。

第四章　考核项目指标及分值

第八条　依据绩效考核内容，按照以下项目指标和相应分值进行分项考评：

（一）是否指导企业执行绿色食品标准，并为企业提供相关咨询服务（是，1分；否，0分）。

（二）完成全年企业年检工作计划100%（3分）；完成全年企

业年检工作计划 80% 的（含 80%）（2 分）；完成全年企业年检工作计划 50%（含 50%）的（1 分）；没对企业进行年检的不得分。

（三）是否对企业进行年检实地检查工作（是，3 分；否，0 分）。

（四）是否配合监测机构实施监督抽查计划、协助开展实地检查、产品抽样等工作（是，3 分；否，0 分）。

（五）是否主动开展市场监察工作、积极配合执法部门查处违规用标和假冒绿色食品，维护市场秩序工作（是，2 分；否，0 分）。

（六）是否指导下级绿色食品管理机构的监管员开展本辖区内的监管工作（是，1 分；否，0 分）。

（七）是否指导、支持本辖区企业内检员开展工作（是，1 分；否，0 分）。

（八）是否在履职期内组织、参加监管员培训活动（是，1 分；否，0 分）。

第九条　监管员在年度考评中，如出现以下情况则采取加减分：

（一）年度内在公开发行刊物上发表过绿色食品监管内容文章的加 1 分。

（二）年度内在核心刊物上发表过绿色食品监管内容文章的加 2 分。

（三）年度内向中心提供过风险预警信息或提出风险防范措施并予以采纳的，每采纳一次加 1 分。

（四）发现监管员在检查企业过程中有影响组织机构形象不当行为的，每发现一起减 2 分。

第五章　考核结果评定

第十条　根据年度考核分值，总分 9 分以上为合格（含 9 分），总分9分以下（不含9分）为不合格。

第十一条 各省级工作管理机构须按照本办法规定的时间将全部参加考评人员的名单及结果报送中心，并按年度考核合格人员10%的比例向中心推荐优秀监管员人选（不足一人按一人推选），并将优秀人选名单及其评优材料上报中心核定。对于绩效考核不合格者，中心将取消其监管员资格。

第六章 附 则

第十二条 本办法自2020年1月1日起实施，由中心标识管理处负责解释。原《绿色食品标志监督管理员工作绩效年度考核与奖励暂行办法》同时废止。

第三篇

本市要求

上海市乡村振兴战略实施方案
（2018—2022）

（2018 年 12 月 27 日发布）

按照《中共上海市委、上海市人民政府关于贯彻〈中共中央、国务院关于实施乡村振兴战略的意见〉的实施意见》和《上海市乡村振兴战略规划（2018—2022 年）》要求，制定本实施方案。

一、总体目标

坚持面向全球、面向未来，以推进"三园"工程（以全面提升农村环境面貌为核心的"美丽家园"工程，以全面实现农业提质增效为核心的"绿色田园"工程，以全面促进农民持续增收为核心的"幸福乐园"工程）、实施六大行动计划、落实三大保障机制为重要抓手，促进农村全面进步、农业全面升级、农民全面发展。到2022 年，率先基本实现农业农村现代化，基本形成城乡空间布局合理、功能多元多样、产业融合发展、基础设施完善、公共服务健全、村容村貌整洁有序、农民生活富裕的格局，让乡村成为上海现代化国际大都市的亮点和美丽上海的底色，为建成与具有世界影响力的社会主义现代化国际大都市相适应的现代化乡村奠定扎实基础。

二、基本原则

（一）坚持总体谋划与重点推进相结合。按照中央决策部署，结合上海实际，加强总体谋划，明确目标任务。在此基础上，遵循乡村建设规律，坚持目标引领、科学规划、注重质量、重点推进、从容建设。

（二）坚持塑造亮点与补齐短板相结合。既要充分依托上海现有各类综合优势，注重塑造亮点，体现上海特色；又要围绕破解推动乡村振兴工作中的短板和瓶颈问题，注重突破难点，力求取得实效。

（三）坚持前瞻性与操作性相结合。既要提高站位，对标最高标准、最好水平，在更高层次上审视和谋划乡村振兴工作；又要做到工作任务项目化，确保目标任务可量化、工作举措可操作、业绩实效可考评，努力使中央和市委各项决策部署落到实处。

三、主要内容

（一）"美丽家园"工程

1. 实施"十百千"行动计划。到 2022 年，全市建设 90 个以上乡村振兴示范村、200 个美丽乡村示范村，实现 1 577 个行政村人居环境整治全覆盖，形成一批可推广、可示范的乡村建设和发展模式。

——加快郊野单元（村庄）规划编制。坚持先策划、后规划，制定郊野单元（村庄）规划编制计划，确保规划编制 2019 年全面完成。提高郊野单元（村庄）规划编制质量，明确乡村发展定位、布局、规模、路径，并同步开展村庄设计工作。完善规划实施机制，确保规划顺利落地。（市规划资源局牵头，相关部门配合，各涉农区实施）

——加强风貌引导和项目建设。加强风貌保护和引导，注重保留乡村自然肌理，优化乡村空间布局，保护和传承优秀传统文化，推进农村建筑风貌与乡村色彩协调统一，体现乡村韵味，彰显时代特征，展示地域特色。坚持以项目为载体，推进"四好农村路"建设、水环境整治、农村生活污水处理、生活垃圾分类、农业生产废弃物综合利用以及生态廊道、农田林网、"四旁林"建设等工作，努力打造绿色生态村庄。（市住房城乡建设管理委、市农业农村委牵头、相关部门配合，各涉农区实施）

2. 实施农居相对集中行动计划。进一步完善支持政策，创新安置方式，继续加大推进农民向城镇集中居住的力度。加快编制各类农村规划，积极推进村落散户向经规划的农民集中居住点平移。到2022 年，基本完成"三高"沿线、生态敏感区、环境整治区自然村落归并。

——强化规划空间引领。按照"建设用地不增加、耕地不减少"和"人地挂钩"的规定，合理安排建设用地规模，满足集中居住和公共服务配套用地需求。对于农民进城镇集中居住所需的建设用地，运用增减挂钩政策，实行周转指标制度；对于新市镇总体规划未覆盖且住宅用地紧缺的乡镇，探索在区域周边利用存量集体用地实施农民集中居住，并纳入未来新市镇总体规划。（市规划资源局牵头，相关部门配合，各涉农区实施）

——推进农民相对集中居住。探索多种渠道、多种方式解决农民住房问题。坚持规划引导、因地制宜，积极推进"三高两区"、规划撤并村、纯农地区 30 户以下自然村的农民相对集中居住。完善村民建房管理制度，引导农民按照规划和设计依法依规建房。加大财政投入力度，进一步提升农民居住配套服务水平，全面改善农民住房条件。围绕推进农民相对集中居住争进一步完善安置模式，开展宅基地所有权、资格权和使用权"三权分置"等政策研究，提高农民进城镇集中居住的意愿度。（市住房城乡建设管理委、市规划资源局牵头争相关部门配合，各涉农区实施）

（二）"绿色田园"工程

1. 实施都市现代绿色农业发展行动计划。建立以绿色生态为导向的制度体系，全面提升农业绿色生产技术和设施装备水平。到

2022 年，农田化肥、农药施用量分别下降 21% 和 20%，地产农产品绿色食品认证率达到 30%，农业组织化率达到 90%，使"绿色田园"工程在都市现代绿色农业发展方面发挥领头羊作用。

——推行农业绿色生产方式。退出麦子种植，实施休耕养地，推广有机肥替代化肥、病虫害绿色防控技术。强化绿色食品认证，实现农药、兽药、化肥等投入品经营和使用环节全过程可追溯管理。全面实现畜禽粪尿、农作物秸秆等农业废弃物资源化利用。探索生态循环水产养殖模式，实现规模化水产养殖尾水治理全覆盖。统筹落实粮食生产功能区、蔬菜生产保护区、特色农产品优势区和畜牧、水产布局规划。到 2022 年，创建 1 至 2 个整建制生态循环农业示范区，建设 10 个生态循环农业示范镇，打造 100 个生态循环农业示范基地。（市农业农村委牵头，相关部门配合，各涉农区实施）

——强化农业科技装备支撑。选育推广高效优质多抗的农作物和畜禽、水产新品种。研发推广绿色高效的肥料、饲料、生物农药等农业投入品。引进创制蔬菜瓜果绿色高效生产、畜禽水产生态循环养殖等节能低耗智能设施装备，重点打造 30 个蔬果"机器换人"绿色生产示范基地。实施"互联网＋"绿色农业，构建农业公共信息化平台，建设农业"一网""一图""一库"（上海农业门户网站、上海农业地理信息管理系统、上海农业农村大数据库），提高农业精准化服务管理水平。建立高效、安全、低碳、循环、智能、集成的农业绿色发展技术体系。（市农业农村委牵头，相关部门配合，各涉农区实施）

2. 实施构建现代农业经营体系行动计划。完善促进新型农业经营主体发展的制度体系，构建地产绿色农产品产销平台，创新经营模式，推进一二三产业深度融合，提高农业社会化服务水平。到 2022 年，做强做大 20 个农产品知名品牌。

——培育现代农业经营主体。建立健全农民合作社退出机制，提升农民合作社发展质量，大力发展以经营区域公用品牌、地理标志和特色农产品为重点的合作社联合社。完善家庭农场支持发展政策，鼓励创建多种类型的家庭农场。建立农业龙头企业评价机制，通过资金、技术、品牌、信息等融合，探索组建农业产业化联合体。建立健全公益性服务与经营性服务相结合、专项服务与综合服务相协调的农业社会化服务体系。开发农业新功能新模式，培育农村新产业新业态，建成30个国家级休闲农业和乡村旅游示范点。（市农业农村委牵头，相关部门配合，各涉农区实施）

——创建地产农产品品牌。制定品牌农产品评价标准，建立上海农产品知名品牌目录制度。围绕开展绿色食品认证和发展地方特色农产品，建立线上与线下相结合的品牌农产品营销体系。完善农产品品牌培育、发展和保护机制，塑造上海农产品整体品牌形象，培育区域特色明显、市场知名度高、发展潜力大、带动能力强的农产品区域公用品牌和企业品牌。到2022年，前20名知名品牌年销售额达到1 000亿元。（市农业农村委牵头，相关部门配合，各涉农区实施）

（三）"幸福乐园"工程

1.实施农民长效增收行动计划。有针对性地对农民开展培训，促进农民非农就业，加快培育职业农民。发展新型集体经济，增加农民财产性收入。深化农村综合帮扶工作，拓宽增收渠道，确保农民收入增幅高于城镇居民收入增幅和GDP增速。

——促进农民就业创业。对于未就业且有就业创业意愿的农民，通过建档立卡"一人一策"提供就业创业培训和就业创业服务，重点促进非农就业；对于已就业农民，根据不同需求分类施策，提供个性化技能提升培训服务，促进更高质量就业。加快新型职业农民培训，有序推进新型职业农民制度试点。到2022年，完成农民非农培训40万人次，培育2.5万名新型职业农民，实现对有就业创业意愿的农民就业创业服务全覆盖，未就业农民通过培训

实现就业创业 1 万人。(市人力资源社会保障局、市农业农村委牵头，相关部门配合，各涉农区实施)

——深入推进农村改革。继续深入开展农村综合帮扶工作，加大帮扶力度，提高统筹层级，建设一批收益稳定长效的帮扶"造血"项目，显著提高生活困难农户生活质量和水平。鼓励开展农村闲置农房、存量集体建设用地盘活利用试点，用于民宿民俗、休闲农业、乡村旅游、康健养老等产业发展。加快推进镇级农村集体产权制度改革，积极推动镇村集体经济组织实行年度收益分配，促进农民财产性收入持续增长。(市农业农村委牵头，相关部门配合，各涉农区实施)

2.实施农民美好生活提升行动计划。完善农村公共服务设施布局，提升养老、医疗、教育、文化等公共服务能力，加强和创新乡村治理，打造充满活力、和谐有序的善治乡村，不断提高农民获得感、幸福感、安全感。

——提升公共服务水平。围绕网络化、智能化、专业化，提升农村公共服务水平。大力发展互助式养老，推广"睦邻互助点""幸福老人村"等照护模式。到 2022 年，全市农村地区建成示范睦邻点 2 500 个，实现标准化乡镇养老院和托老所全覆盖。提高医疗服务水平，优化乡村医生队伍结构，开展农村订单定向医学专业学生培养，加快培养新乡村医生。到 2022 年，每所村卫生室配备不少于 2 名乡村医生，其中至少 1 名具有职业助理医师或以上职称。促进义务教育优质均衡发展，城乡学校携手共进计划覆盖 120 所农村义务教育学校，加大优质师资统筹力度，农村义务教育学校高级职务教师配置 100% 达标。加大农民喜闻乐见的文化产品配送力度，推动"戏曲进乡村"，推进村级多功能活动中心建设，为农民开展文艺演出、体育健身、民俗集庆等活动提供场所和平台。深入挖掘乡村特色文化符号，打造一批特色鲜明的乡村传统文化产业精品。(市民政局、市卫生健康委、市教委、市文化旅游局

牵头，相关部门配合，各涉农区实施）

——提升乡村治理能力。加强农村基层组织建设，推行区域化党建、乡村管理、群众工作、群防群治相融合的网格化工作模式。实施"阳光村务工程"，利用有线电视、移动端 APP 等平台拓宽服务村民和民主监督新途径。到 2022 年，实现村务公开和民主监督信息化全覆盖。推行村干部开放式办公，加强村干部与村民面对面沟通，提升服务效能。深入推进乡村依法治理，深化文明村、镇创建。加强平安乡村创建，推进农村"雪亮工程"和"智能安防"建设。到 2022 年，全面完成村民自治章程和村规民约的健全完善工作，建设 50 个市级民主法治示范村，文明村、镇占比达到 80% 以上。（市委组织部、市委政法委、市民政局牵头，相关部门配合，各涉农区实施）

四、保障机制

（一）责任机制。各涉农区是实施乡村振兴战略的责任主体，党政主要领导是第一责任人。各相关部门要加强政策研究，加大制度供给力度。根据《上海市乡村振兴战略规划（2018—2022 年）》和本实施方案，制定年度任务清单，落实责任单位和责任人，明确时间节点，有序推进乡村振兴工作。

（二）督查机制。市相关部门要根据年度任务清单，加大对各涉农区乡村振兴工作的督查力度。围绕工作重点，开展专项督查，发现问题及时处理。督查情况向市委、市政府汇报，向有关区通报，并适时向社会公布。

（三）考评机制。加强考核考评，每年度委托第三方机构对各涉农区推进乡村振兴工作情况进行考评，对考评末档的区进行约谈。

上海市乡村振兴"十四五"规划

（2021 年 6 月 25 日发布）

为贯彻落实党的十九大提出的乡村振兴战略，推动落实"产业兴旺、生态宜居、乡风文明、治理有效、生活富裕"总要求，根据《上海市乡村振兴战略规划（2018—2022 年）》（以下简称《战略规划》）、《上海市国民经济和社会发展第十四个五年规划和二〇三五远景目标纲要》，制定本规划。

一、"十三五"发展基础

（一）规划政策逐步完善

2017 年中央农村工作会议对实施乡村振兴战略作出总体部署后，2018 年 3 月，市委、市政府印发《关于贯彻〈中共中央、国务院关于实施乡村振兴战略的意见〉的实施意见》，明确了上海实施乡村振兴战略的思路、目标、步骤、措施，全面推进乡村振兴工作。12 月，《战略规划》制定出台，同步出台《上海市乡村振兴战略实施方案（2018—2022 年）》，以项目化方式，提出乡村振兴工作推进的时间表和路线图，明确以推进"三园"（美丽家园、绿色田园、幸福乐园）工程等为抓手，落实各项关键举措。市相关部门先后制定出台一系列推进乡村振兴的配套政策文件，初步形成了以规划为引领、政策为支撑、项目为基础的实施乡村振兴战略制度框架体系。

（二）乡村产业提质升档

"十三五"以来，上海积极构建与超大城市相适应的乡村产业体系。都市农业提质增效，划定粮食生产功能区、蔬菜生产保护区、特色农产品优势区总面积 136.56 万亩，实施养殖业布局规划，稳定地产农产品供应。实施绿色农业发展三年行动计划，强化农业生态环境保护和资源高效利用，推广应用绿色农业生产技术，加强农产品质量安全监管。2020 年底，地产农产品绿色认证率达到 24%。农业科技创新能力和装备水平不断提升，全市农业科技进步贡献率达 79.09%，居全国前列。组建了 7 个现代农业产业技术体系，培育和推广了一批有影响力的新品种。农业设施装备技术水平显著提升，主要农作物综合机械化率达到 95% 以上。拓展农产品加工流通业，积极发展地产农产品初加工，促进产加销一体化，延长农业产业链条，全市农业产业化企业总销售额达到 1 266 亿元。提升发展乡村休闲旅游业，打造了郊野公园、采摘基地、现代观光农业园等多样化的休闲载体，全市目前有休闲农业和乡村旅游点 315 个，年接待游客达 1 500 万人次。培育乡村新型服务业，农业产前产后社会化服务市场快速发展。农产品营销服务快速成长，线上线下相结合的生鲜农产品新零售逐渐成为农产品营销的新模式。

（三）乡村面貌持续改善

2019 年底，全市村庄布局规划、郊野单元村庄规划编制工作全部完成，因地制宜开展建设用地、基本农田、生态用地等各类用地布局。启动实施农民相对集中居住工作，在充分尊重农民意愿的前提下，采取"上楼""平移"等差别化方式，推进农民相对集中居住。按照"整镇推进、成片实施"的方式，全域实施农村人居环境整治，全市行政村在 2019 年、2020 年完成整治任务，全面推进村容村貌提升、垃圾治理、农村生活污水处理、农村水环境整治、"四好农村路"建设、村内道路硬化等 12 大类工作。至 2020 年，全市基本农田保护区、规划保留农村地区的村庄改造基本完成，项目覆盖行政村 1 026 个，受益农户 76 万户。2016—2019 年，全市累计评定市级美丽乡村示范村 94 个。2018 年，启动实施乡村振兴示范村创建工作，累计 69 个村列入建设计划，其中 37 个村已如期完成建设任务。

（四）乡村文明更上台阶

"十三五"时期，上海乡村文明建设在村民会议、村民代表会议制度基础上，形成了民事民议、民事民办、民事民管的多层次基层协商格局。基层民主协商形式进一步丰富。实施"阳光村务工程"，深化创新村务公开，有线电视、手机 APP 等村务公开信息化平台建设实现全覆盖。开展民主法治示范村创建活动，提高农民法治素养，共完成 42 个全国民主法治示范村培育试点。推进农村"雪亮工程"和智能安防系统建设，实现村级视频监控系统建设全覆盖、全联网。深化文明村、镇创建活动，评选出 2017—2018 年度上海市文明村 422 个，2018—2019 年度上海市文明镇 90 个，32 个村镇获评第六届全国文明村镇，62 个村镇通过复查，继续保留全国文明村镇荣誉称号。全面启动新时代文明实践中心建设试点。

（五）乡村治理井然有序

以贯彻落实市委"1+6"文件精神为重点，以任务清单形式将加强乡村治理纳入全市乡村振兴重点任务和创新社会治理加强基层建设工作要点，形成了具有上海超大城市特色的乡村治理制度框架和政策体系。村级治理架构普遍建立。农村基层党组织带头人和党员干部队伍建设进一步加强，全市村党组织书记兼任村委会主任比例稳步提升。从机关事业单位干部、社区工作者、退役军人、本村致富能手、外出务工经商返村人员、大学生村官、本乡本土大学毕业生中，选用村党组织书记 320 人。深化拓展城乡党组织结对帮扶，实施"结对百镇千村，助推乡村振兴"行动，各中心城区和市委各工作党委、中央在沪企业所属 2 702 个基层党组织与涉农区所有乡镇、村级党组织开展全覆盖结对共建，已启动镇级层面合作项目 228 个，村级层面项目 3 113 个，共签约帮扶资金 2.1 亿元。深化平安乡村建设，深入推进扫黑除恶专项斗争，严厉打击危害农村治安、破坏农业生产和侵害农民利益的各类违法犯罪活动，切实维护农村社会和谐稳定。

（六）乡村生活更加丰富

"十三五"期间，上海各涉农区基本建成现代公共文化服务体系，15分钟公共文化服务圈建设目标基本实现，村居综合文化活动室服务效能进一步提升。市、区、街镇公共文化资源持续向远郊地区和基层村居倾斜、下沉，公共文化内容供给约占全市供给总量的63%。推动养老服务优先向农村倾斜，完成133家农村薄弱养老机构改造，新增养老床位3.2万张；农村养老示范睦邻点建成1 744家。启动第二轮农村综合帮扶工作，到2020年，共完成15个"造血"项目的遴选和报备，总投资超过52亿元，累计收益超过1亿元。

二、发展特征和功能定位

（一）发展特征

上海乡村具有城郊融合型特点，在形态上要保留乡村风貌，在治理上要体现城市精细化管理水平，在发展方向上要强化服务城市发展、承接城市功能外溢，凸显乡村地区的经济价值、生态价值和美学价值。上海乡村的发展优势包括市场优势、要素优势和重大战略优势。同时，上海乡村发展内生动力不足的问题依然存在。一是环境和配套现状水平与承担更多功能的要求有明显差距；二是乡村特色不明显、引领力不够，缺乏规模大、具有较强影响力的品牌和龙头企业，对周边和全国辐射服务能力较弱；三是政策和科技供给仍不能适应超大城市乡村发展要求，人才、资金等生产要素向农村有序流动的动能不足等。

（二）功能定位

当前，上海乡村发展面临空间稳定、地位凸现、功能复合"三个趋势"。作为超大城市的乡村，要落实保障供给功能，为上海超大城市提供高品质鲜活农产品；保持生态涵养功能，依托乡村田、水、林、湿等各类自然资源，发挥水土保持、水源涵养、环境净化、生物多样性等作用；提升生活居住功能，持续改善农村居民生活居住条件，为城市产业发展和功能拓展提供适宜的生活配套服务；发掘文化传承功能，传承好传统乡土文化、民俗风情和农耕文明，成为记得住乡愁、留得下乡情的美丽家园和广大市民向往、舒心游憩的后花园。

三、"十四五"指导思想、发展目标和主要指标

（一）指导思想

以习近平新时代中国特色社会主义思想为指导，全面贯彻党的十九大和十九届二中、三中、四中、五中全会精神，深入践行"人民城市人民建，人民城市为人民"重要理念，按照"产业兴旺、生态宜居、乡风文明、治理有效、生活富裕"总要求，强化城乡整体统筹，深入推进乡村振兴和新型城镇化战略，促进城乡要素平等交换、双向流动，推动形成城乡融合发展新格局。不断增强乡村振兴的内生动力，使上海乡村成为高科技农业的领军者、优质产业发展的承载地、城乡融合和生态宜居的示范区，在全国实施乡村振兴战略中走在前列、作出示范。

（二）发展目标

到2025年，乡村振兴战略实施效果逐步显现，制度框架和政策体系较为完善，乡村治理法治化水平明显提高，农业农村投资保持稳定增长，率先基本实现农业农村现代化，基本形成城乡空间布局合理、功能多元多样、产业融合发展、基础设施完善、乡村风貌宜人、公共服务健全、基层治理有序、农民生活富裕的城乡融合发展格局，让乡村成为上海现代化国际大都市的亮点和美丽上海的底色，为建成与具有世界影响力的社会主义现代化国际大都市相适应的现代化乡村奠定坚实基础。

——基本形成都市现代绿色农业为代表的乡村产业体系。持续完善彰显上海特色、体现乡村气息、承载农村价值、适应城乡需求的产业体系，农业现代化水平和都市现代绿色农业综合效益显著提升，新产业新业态进一步集聚，依托"互联网＋"的农村一二三产业深度融合，城乡利益联结机制更加完善，特色农业品牌更有影响力。

——基本形成生态宜居的美丽乡村人居环境。农村生态环境质量明显改善，美丽乡村建设扎实推进，郊野自然风貌和乡土景观特色加快修复，崇明世界级生态岛建设加快推进，江南水乡文脉与上海传统农居风格进一步融合，城乡互联互通的基础设施条件进一步完善，农民居住条件得到进一步改善，农村环境更加宜居宜业宜游。

——基本形成民风醇正的乡村文明氛围。乡村精神文明建设持续加强，社会主义核心价值观内化为农民群众行为方式和行为习惯，乡村文明素养显著提升，乡村公共文化服务体系更加健全，传统农耕文明的优秀遗存与国际大都市海派文化结合更为紧密，充分展现大都市乡村文明的独特魅力和新时代风采。

——基本形成和谐有序的乡村治理格局。进一步健全党委领导、政府负责、民主协商、社会协同、公众参与、法治保障、科技支撑的现代乡村社会治理体系，镇村基层社会治理能力进一步提高，自治法治德治有效结合，体现特色、充满活力、和谐有序的乡村善治格局基本形成。

——基本形成共享发展、共同富裕的持续发展之路。城乡均等的基本公共服务和社会保障水平再上新台阶，农民生活水平显著提升，综合帮扶机制更加精准有效，农民就业水平持续提高，城乡居民收入差距继续缩小，农民和乡村居民的获得感、归属感、幸福感不断增强。

（三）主要指标

"十四五"乡村振兴主要指标

序号	主要指标	单位	2020年基期值	2025年目标值	属性
1	农业现代化水平	%	80	82	预期性
2	农业科技进步贡献率	%	79.1	80	预期性
3	地产绿色优质农产品占比	%	54	70	预期性
4	休闲农业和乡村旅游接待量	万人次	1 461.8	2 500	预期性
5	农村生活污水处理率	%	88	90以上	预期性
6	农村生活垃圾回收利用率	%	38	45以上	预期性
7	农田化肥和农药施用量	万吨	化肥6.89 农药0.27	分别比2020年下降9%和10%	约束性
8	农民相对集中居住签约完成量	万户	2.7	在确保完成2022年5万户目标任务基础上，持续推进	预期性
9	市级文明镇村覆盖率	%	—	市级文明镇80% 市级文明村20%	预期性
10	村民对善治满意率	%	93.4	95	预期性
11	城乡居民人均可支配收入比值	—	2.19	2.15	预期性
12	农村养老示范睦邻点建成量	个	1 744	3 000	预期性
13	农村公路提档升级里程	公里	1 247	3 200	约束性

四、主要任务

（一）着力构建大都市乡村产业体系

1. 全面推进都市现代农业高质量发展

一是促进绿色低碳循环发展。推进绿色生产方式，积极推进国家农业绿色发展先行区创建，地产农产品产量基本稳定，品种结构进一步优化。开展农产品绿色生产基地建设，绿色生产基地覆盖率达到 60%，绿色农产品认证率达到 30% 以上。开展化肥农药减量增效行动，推进 10 万亩蔬菜绿色防控集成示范基地和 2 万亩蔬菜水肥一体化项目建设。建设 12 家美丽生态牧场。建设 100 家国家级水产健康养殖示范场，水产绿色健康养殖比重达到 80%。实施农业光伏专项工程，结合设施农业项目建设农光互补、渔光互补项目。推进生态循环农业发展，集中打造 2 个生态循环农业示范区、10 个示范镇、100 个示范基地。加强农药包装废弃物和农业薄膜回收处置，回收率达到 100%。支持种养结合与农业资源循环利用，畜禽养殖废弃物和粮油作物秸秆资源化利用实现全覆盖。加强地产农产品生产价格监测，建立完善产销信息共享机制。推进横沙东滩现代农业园区建设。

二是提升科技装备水平。建设农业智能化生产基地，探索基于 5G 通信的农业物联集成应用模式，以区、镇为单位建设一批基于数字化管理的农机社会化服务组织，打造 10 万亩粮食生产无人农场，建设 2 万亩高标准蔬菜绿色生产基地，打造一批智能化菜（果）园。完善农业生产基础设施配套，启动粮食、蔬菜等生产基地提档升级工作。积极探索植物工厂生产模式，大力发展食用菌、蔬菜种苗、花卉园艺等工厂化生产，全面提升都市农业设施装备水平。夯实数字农业发展基础，推进蔬菜、水稻、特色果品、畜禽产品、水产品等生产过程的数字化监测和信息采集，推进产业链、供应链数据共享，生产端、销售端与监管端数据对接，提升全产业链数字化管理水平。

三是提升现代种业创新能力。加强农业种质资源保护与利用，健全种质资源分类分级保护体系，推进农业种质资源库（圃、场）建设，加快地方特色农业遗传资源开发利用。强化现代种业自主创新，推进本市优势特色作物、畜禽和水产种质创制及突破性新品种选育，开展种源关键共性技术攻关。加快种业市场主体培育，建立健全商业化育种体系，新培育 1～2 家国家育繁推一体化企业，打造 8 ～ 10 家行业领先的特色优势种业企业。加快推进南繁科研育种基地建设，提升建设农作物、畜禽、水产良种繁育体系，推进建设区域性育苗中心和综合性农作物品种试验展示基地。加强种业人才队伍建设。

四是培育壮大经营主体。加快推进浦东、崇明、金山三个国家级农业科技园区建设，规划新建一批市级农业科技园区。培育农业龙头企业，聚焦重点产业集群和重大投资项目，重点打造 100 家年销售额 1 亿元以上具有核心竞争力和带动能力的产业化龙头企业。培育 50 家现代农业高新技术企业，支持 30 家农业产业化联合体做优做大做强。加强家庭农场和农民专业合作社规范化建设，重点培养 100 家市级以上示范家庭农场和 200 家市级以上示范合作社，在金山、崇明两区整体推进农民专业合作社质量提升行动。发展区域性农业服务组织，打造 5 个区域性集约化育苗中心，提升种苗社会化服务能力。布局一批规模适度的农产品预冷、贮藏保鲜等初加工冷链设施。聚焦蔬菜生产保护区和农业绿色生产基地，发展"全程机械化＋综合农事"服务，服务覆盖率达 85%。培育高素质农民，引导有志青年投身现代农业。到 2025 年，全市累计培育农业经理人 500 名、新型职业农民 2.5 万名，形成一支有文化、懂技术、善经营、会管理的高素质农民队伍。

五是增强粮食供给保障能力。实施粮食安全保障能力提升工程，优化粮食储备保障基地和应急保障中心布局，提升收储调控能力。推进优质粮食工程建设，强化粮食绿色仓储和智能监管，加快实施以"优粮优产、优粮优购、优粮优储、优粮优加、优粮优销"为内涵的"五优联动"，引导建立优粮优价的市场运行机制。

六是加大品牌建设力度。打造优质食味稻米品牌，调优水稻品种和茬口布局，筛选和推广一批品优味佳的食味稻米品种，完善地产优质食味稻米品质评价以及稻米生产、加工、保鲜贮藏标准体系，推广应用食味稻米品牌电子信息追溯标识，集中打造优质食味稻米区域公用品牌。到 2025 年，上市销售的地产稻米品牌化比例达到 50%。提升特色产业品牌优势，做精做优一批区域特色明显、深受市民信赖的特色农产品区域品牌和企业品牌，积极推动地产特色农产品品牌列入中国农业品牌目录。开展品牌农产品评优品鉴活动，提高地产优质农产品品牌影响力。做强休闲农业文化品牌，加强农事节庆文化活动建设，进一步挖掘和培育乡村农耕文化品牌，各涉农区重点培育和提升 1 ～ 2 个休闲农业文化品牌。

2. 持续推动农村一二三产业融合发展

一是打造优势特色产业集群。重点围绕绿色蔬菜、食味稻米、特色瓜果、都市花卉、优质畜禽、特种水产、生鲜乳业等优势特色产业，打造涵盖生产、加工、流通、科技、服务等全产业链集群，推进优势特色产业做优做强，促进产业深度融合。

二是建设产业融合发展平台。结合乡村振兴示范村和美丽乡村示范村建设，集聚优势资源和产业特色，推进"绿色田园""美丽家园"及乡村文创、农村电商等新产业、新业态的融合发展，打造一批产业特色镇（村）、产业融合发展示范园。

三是提升休闲农业和乡村旅游水平。实施休闲农业和乡村旅游项目提升行动，重点打造 10 条休闲农业和乡村旅游精品景点线路，建成 20 个休闲农业和乡村旅游示范村，改造和新建 30 个美丽田园精品示范园，推动建设 40 个乡村特色民宿集聚点，培育 50 个农事节庆文化活动，推动生态林地开放共享。围绕旅游古镇、特色村落、乡村民宿等，打造一批特色村镇休闲区。到 2025 年，年接待游客量 2 500 万人次，农民就业岗位数超过 3 万个。

3. 培育引导乡村新产业新业态新模式

一是分类开发，因地制宜培育发展新产业新业态。对纯农地区，结合特色产品积极打造田园休闲农业，发展林业经济。对城乡过渡地区，进一步发挥区位优势，聚焦美丽乡村建设，推进田园综合体、民宿等特色文旅休闲农业发展。对城市化周边地区，加快推进农民集中居住，开展城市公园、城市绿肺等建设，探索推进文旅健康等特色产业发展，鼓励发展人才公寓。推进特色小镇清单化管理，因地制宜培育发展微型产业集聚区，聚力发展特色主导产业，促进产城人文融合，突出企业主体地位，促进创业带动就业。

二是发挥产业空间方面的承接优势，更好承载城市核心功能。探索模式创新，培育与乡村资源相吻合的各类业态，打造产业发展新的战略空间。充分发挥自贸试验区临港新片区、长三角生态绿色一体化发展示范区等功能性区域的辐射带动优势，在周边乡村嵌入式布局关联产业集群，集聚一批总部企业和研发中心。探索在先进制造业、生产性服务业领域与中心城区、新城形成错位发展，吸引科研院所、研发、教育机构等落户乡村。

三是依托重大项目、平台和政策，打造特色产业空间。针对农村低效闲置的各类资源，加大盘活利用力度，创新开发模式，鼓励有实力的社会资本进行整体开发，在改善农村面貌和农民居住环境的同时，引入产业内核，形成特色产业空间。依托花博会，加快建设松江、崇明和浦东等产业特色鲜明、产业链完整、区域经济带动能力强的市级花卉产业集聚区，积极推进花卉物流服务体系标准化和专业化发展，逐步打造辐射全国乃至全球的花卉市场交易中心，服务高品质生活。

（二）全力打造生态宜人的美丽乡村

1. 全面提升农村人居环境

一是提升乡村规划水平。以郊野单元村庄规划和专项规划作为乡村地区各项建设行为的空间用途动态管理平台，加强生态保护红线等底线要素约束，建立相关专业部门协同审批和管理机制，建立统筹协调覆盖乡村地区全域空间准入和用途管理机制，明确各类建设活动管理路径。

二是提升村容村貌。实施村庄改造全覆盖，以镇为单位，兼顾村庄内外，深入开展"四清、两美、三有"村庄清洁行动计划。着力整治村域公共空间环境卫生，引导和支持农民美化庭院环境。开展"四好农村路"建设和示范镇、示范路创建工作，推进农村公路提档升级、改造、安全隐患整治年度计划落实落地。持续开展示范村村内道路提升行动，高标准配套建设新建农民相对集中居住归并点道路，加强道路整体风貌设计，确保路容路貌良好，更好融入村庄周边自然人文环境。实行乡村建筑师制度，提高农房建筑设计水平。实施农村低收入户危旧房改造，建立常态化的农村低收入户危旧房改造申请受理机制，巩固提升改造成果，确保农村困难家庭住房安全有保障。加快推进已批实施方案的"城中村"项目改造，新启动一批"城中村"改造，优先实施列入涉及历史文化名镇名村保护的"城中村"。

三是持续推进农村水环境整治。开展农村河道小流域治理。持续加大水环境治理力度，强化农村地区入河排污口的排查整治，开展生态清洁小流域建设，建设45个生态清洁小流域。加快农村生活污水治理，推进农村生活污水处理设施建设，农村生活污水处理率达到90%以上，强化对设施运行和出水水质的监督检查，逐步推进老旧设施提标改造。推广专业化、市场化的管养模式，建立以运维效果为导向的考核机制，把绩效目标与养护经费拨付挂钩。推进农业面源污染和农村水环境协同治理。进一步完善农业农村生态环境监测体系，重点加强对乡村振兴示范村周边环境质量的监测，开展农业面源污染排放对水环境影响的监测评估。

四是提升农村垃圾治理水平。不断完善农村环卫基础设施建设，深化农村垃圾分类和收集模式，分类收集、分类运输、分类处置，保持100%农村生活垃圾有效收集。持续推进农村生活垃圾减量和资源化利用，推动全市95%农村生活垃圾分类实现创建达标，生活垃圾回收利用率达到45%以上。深化湿垃圾就地资源化利用设施建设和配套装置升级，全市50%行政村湿垃圾实现不出村、不出镇。

　　五是完善长效管理机制。创新完善符合农村特点的基础设施、卫生保洁管养机制和管养方式，做到村主路、支路及沿线桥梁的巡查、保洁、小修等日常管护工作全覆盖。逐步将道路设施、污水处理设施等农村基础设施管养纳入公共财政保障范围，发挥村民自主参与、自我管理作用。

　　2. 深入开展示范村建设

　　一是持续开展乡村振兴示范村建设。聚焦村庄布局优化、乡村风貌提升、人居环境改善、农业发展增效、乡村治理深化，高起点、高标准、高水平推进乡村振兴示范村建设。到2025年，建设150个以上乡村振兴示范村。进一步放大示范引领效应，形成"政企结合、市场主导"的多元化投入机制和经营机制，强化特色优势产业培育，引进新型生产要素和生产组织，拓展多元产业功能，延长产业链，做好产业联动发展和一二三产业融合发展，发挥产业协同作用。按照村庄特色产业发展需要，配置旅游、休闲等服务设施，依据规划开展村庄设计，引导村民有序建房，注重乡村整体建筑风貌的统一性、协调性和美观性，形成鲜明的地域特色。充分利用示范村周边现有配套设施，与郊野公园建设选址、运营管理相结合，加强示范村与郊野公园联动发展，形成可持续造血机制。因地制宜、分类施策，开展乡村振兴示范镇试点。

　　二是深入推进美丽乡村示范村建设。加强村庄发展的分类引导，改善农村人居环境，保护传统风貌和自然生态格局，开展美丽乡村示范村创建工作。到2025年，建设300个以上的市级美丽乡村示范村。提升村庄风貌水平，积极推广美丽庭院、和美宅基等美丽乡村建设模式，推进绿色村庄建设，切实发挥美丽乡村示范村在建设、长效管理和乡村治理等方面的示范引领作用。进一步增强美丽乡村示范村建设示范性，确保市级美丽乡村示范村无污染工业企业，生活垃圾分类收集率达到100%，生活污水实现应处理尽处理，河道无黑臭，无严重影响环境卫生的畜禽散养现象。

3.持续推进农民相对集中居住工作

一是继续加大推进农民相对集中居住力度。"十四五"时期，在确保完成2022年5万户目标任务的基础上，加大制度供给，持续推进。在重点聚焦"三高两区"沿线农民集中居住的基础上，进一步结合美丽乡村、乡村振兴示范村建设等工作，对接自贸试验区临港新片区、长三角生态绿色一体化发展示范区等重大改革举措落地区域，探索成片推进的工作方式，发挥农民相对集中居住工作与市级相关政策的叠加放大效应。

二是加强风貌管控。结合区域乡土风情，因地制宜开展农村平移集中居住点风貌和建筑设计，保持乡村风貌和建筑肌理，体现江南水乡传统建筑元素风貌。开展全过程设计评估，引导农村村民住房建设，促进乡村风貌水平提升。

三是强化区级主体责任。各涉农区区委、区政府负总责，乡镇（街道）抓落实，进一步完善区级农民相对集中居住工作推进机制，按照农民相对集中居住计划任务要求，做好地块规划落实、土地指标保障、资金投入和农村村民建房管理等各项工作，强化工作落实和考核监督。妥善解决跨村集中建房所需土地问题，统筹使用征收安置住房，减少农民等候过渡安置时间。在符合郊野单元村庄规划的前提下，可利用撤制镇存量集体建设用地实施农民相对集中居住。

4.持续加强乡村生态建设

一是扎实推进农业面源污染防治。进一步完善农业农村生态环境监测体系建设。推行绿色生产方式，坚持种养结合，提高农业生产生态效益。继续实施耕地轮作休耕制度，优化施肥结构，推广病虫害绿色防控技术，提高化肥农药利用率。继续推进受污染耕地安全利用，加强耕地土壤污染防治，建立拟开垦耕地的土壤污染管理机制，确保新增耕地的环境质量和安全利用。规范河道疏浚底泥消纳处置，加强河道疏浚底泥还田监督管理，确保耕地质量不受影响。推进农业废弃物资源化利用，无法实现资源化利用的按要求规范处置。优化水产养殖空间布局，合理控制养殖规模和密度，严格水产养殖投入品管理，80%的规划保留水产养殖场完成尾水处理设施建设和改造，促进尾水循环利用。严密防范、严厉打击各类污染破坏农村生态环境违法犯罪活动。

二是继续推进乡村绿化造林和郊野公园建设。结合新一轮农林水联动三年计划和林业专项规划，推进生态廊道、农田林网和"四旁林"建设，落实造林计划。在符合耕地保护要求的前提下，充分利用闲置土地和宅前屋后等零星土地开展植树造林等活动，推进开放林地建设，实施村庄绿化。按照打造"市民休闲好去处"要求，持续推进郊野公园建设，优化完善已开园运营郊野公园的配套设施，统筹推进郊野公园建设管理，进一步发挥郊野公园在乡村振兴、生态建设、产业发展等方面的作用，加强景观设计和配套设施建设，在增强野趣和风貌的同时，因地制宜满足市民游憩体验和休闲服务需求，不断提升郊野公园"造血能力"。

三是加快建设崇明世界级生态岛。坚持生态立岛，丰富生态服务功能，提升生态产品供给能力，塑造崇明特色的乡村风貌。以花博会为契机，着力打造崇明"海上森林花岛"，构建"绿化、彩化、珍贵化、效益化"典范。抓好长江"十年禁渔"工作，加强长江口生态环境修复和保护。

（三）传承弘扬大都市特色乡村文明

1.强化乡风文明建设

一是推动社会主义核心价值观融入乡村日常生活。采取民间艺术、地方戏曲、板报墙报等农民群众喜闻乐见的形式，深化中国特色社会主义和中国梦宣传教育。借助红色文化、海派文化和江南文化，推进乡村文化与建党精神、城市精神、改革开放精神融合发展。不断创新载体、方式和内容，精心选树时代楷模、道德模范等先进典型，塑造乡村能人和乡贤的良好形象。深化推进文化、科技、卫生三下乡活动。广泛开展"注重家庭、注重家教、注重家风"建设。

二是注重农民群众诚信意识和道德建设。加强农村诚信意识建设，强化农民的社会责任意识、规则意识、集体意识，建立健全农村信用体系。落实《新时代公民道德建设实施纲要》，关爱帮扶道德模范，树立好人好报、德者有得的导向，大力弘扬尊德尚贤的价值理念。

三是开展弘扬时代新风行动。深化市民修身行动，探索农民方便参与、乐于参与的修身新途径，努力提高农民思想道德素质和科学文化素养。开展移风易俗行动，健全完善村规民约，广泛开展乡风评议，褒扬新风，摒弃陋习。优化殡葬用地布局，推进节地生态安葬。合理引导红白事消费标准、办事规模，加强行业管理与服务，把道德要求转化为公序良俗。建设符合农村特质的区级新时代文明实践中心、镇级新时代文明实践分中心和村级新时代文明实践站三级阵地，推进志愿服务关爱行动，精心培育一批助力上海乡村振兴的新时代文明实践示范中心、新时代文明实践志愿服务品牌项目和优秀团队。

2. 弘扬乡村传统文化

一是传承和发扬优秀乡村传统文化。制定推进文化乡村创建工作方案，充分挖掘具有农耕特质、江南地域特点的物质文化遗产，留住有形的乡村文化，生动再现上海乡村文明发展轨迹。加强非物质文化遗产保护，推动乡村非遗传承发展，深化推进"非遗在社区"工作，加强传统工艺振兴，推动非遗就业工坊建设。支持农村因地制宜、因时制宜举办中国农民丰收节、"我们的节日"等各类民俗节庆活动。深入挖掘乡村特色文化符号，打造冈身松江文化圈、淞北平江文化圈、沿海新兴文化圈、沙岛文化圈等郊区文化风貌。持续推进历史文化名镇名村保护工作，促进上海传统建筑元素在农村房屋等建设中的应用，恢复上海乡村的江南文化特色。

二是发展乡村特色文化产业。加强规划引导、典型示范，建设一批特色鲜明、优势突出的农耕文化产业展示区，打造一批特色文化产业乡镇、文化产业特色村和文化产业群。鼓励各区通过培育品牌、开发衍生品、跨界合作等形式，打造乡村文化产业精品。深入挖掘黄浦江上游水文化和乡村文化肌理，积极推进"浦江之首"生态示范区建设，打造沪苏浙水上旅游节点，铸造江南水乡文化教育基地。促进上海特色传统食品制作技艺类项目提高品质、形成品牌、带动就业。开发传统节日文化用品和民间艺术、民俗表演项目，促进乡村文化资源与现代消费需求有效对接。

3. 强化农村公共文化服务

一是健全乡村特色的公共文化服务体系。按照有标准、有网络、有内容、有人才的要求，健全农村现代公共文化服务体系。均衡农村公共文化服务布局，强化农村地区社区文化活动中心、居村委综合文化活动室等载体功能，加强农村文化阵地建设，提升服务能级。加强农村群众文化团队建设，推进农村群文团队"文化走亲"。合理优化布局农村体育设施建设，农村体育设施覆盖率达到100%，因地制宜开展各类农民体育活动。完善农村现代公共文化服务体系运行机制，文化、科技、卫生三下乡工作机制，群众性精神文明创建工作引导机制。

二是增加乡村公共文化产品和服务供给。完善市、区、街镇、居村四级公共文化内容配送体系，加大上海市民文化节、各区品牌文化活动在农村的辐射力度。推广政府购买公共文化服务，探索运用市场机制、社会捐助等多种形式，增加和丰富乡村文化资源供给。加大乡村基层公共文化内容精准配送力度，建立农民群众文化需求反馈机制，开展"菜单式""订单式"服务。支持"三农"题材文艺创作生产，提升农村公共数字文化服务能力。

三是培育壮大乡村文化体育队伍。挖掘乡土文化本土人才，支持乡村文化能人积极发挥作用，加强各类基层文化体育队伍培训，提高农村文化体育骨干专业技能。扶持壮大文化志愿者和群众文化活动积极分子以及社会体育指导员队伍，组织广大文艺体育工作者下乡，吸引优秀高校毕业生从事基层公共文化服务。

（四）加快推进乡村基层治理现代化

1. 加强农村基层党组织建设

健全完善农村基层党组织领导体系。建立健全以基层党组织为领导、村民自治组织和村务监督组织为基础、集体经济组织和农民合作组织为纽带、其他经济社会组织为补充的村级组织体系。科学合理优化农村基层党组织设置，以行政村为基本单元设置党组织。完善网格化党建工作，统筹整合农村各类党建网格、管理网格、服务网格，探索将党支部或党小组建在网格，推动农村党群服务站点全覆盖。继续深入实施"班长工程"，注重从党政机关优秀干部、本村致富能手、外出务工经商返乡人员、本乡本土大学毕业生、退役军人中选拔培养村党组织书记。稳步推进"一肩挑"，推动村党组织书记通过法定程序担任村民委员会主任。推行村"两委"班子成员交叉任职，提高村民委员会成员、村民代表中的党员比例。

2. 促进自治法治德治相结合

不断深化农村基层社会治理，健全自治、法治、德治相结合的乡村治理体系。深化村民自治实践，激发村民参与乡村振兴的主体意识，引导村民通过各种途径和方式参与乡村治理。健全完善村民自治制度，阳光村务工程普及率达到100%，规范制定修订村民自治章程、村规民约。推广"睦邻四堂间""客堂汇"等农村社区治理实践，形成富有农村特色的客堂自治文化。推进乡村依法治理，深入开展民主法治示范村创建活动。加大乡村普法力度，全面实施乡村"法律明白人""法治带头人"培养工程，实现一村一法治文化阵地。健全乡村公共法律服务体系，完善一村一法律顾问制度，实现农民法律援助应援尽援。推动乡村层面综合执法力量下沉，增强基层干部法治理念。大力开展文明村镇等各类群众性精神文明创建活动。评选一批创建基础扎实、管理民主高效、村风文明健康的先进村镇。

3. 提升乡村治理精细化水平

借鉴城市治理精细化理念，结合乡村振兴示范村和美丽乡村示范村建设，探索建立上海乡村治理指标评价体系，开展乡村治理规范化和标准化建设。组织开展全国乡村治理示范村镇创建工作。积极探索在乡村治理中运用积分制。构建"组织全覆盖、管理精细化、服务全方位"的农村基层网格化管理体系。按照乡村社区生活圈规划导则，按需开展乡村社区综合服务设施建设，提升基本公共服务便利化水平，明确乡村社区综合服务设施的功能属性、配置标准，提高乡村社区综合服务设施覆盖率，进一步提升乡村社区综合服务设施运营的规范化精细化水平。开展村级事务标准化建设，推动村干部到村级综合为民服务场所集中办公，精简优化村级为民服务事项的办理流程，形成"一事一表"办事指南和业务手册，方便村民办事。

4. 提升乡村治理智慧化水平

依托政务服务"一网通办"和城市运行"一网统管"建设，推动农村区域治理模式创新，探索符合上海乡村治理实际的现代化管理方式。进一步完善农村地区"一网统管"平台建设，聚焦联勤联动和智能化应用，推进乡村治理与智慧乡村建设深度融合，推动社会治理从应急处置向风险管控转变。推进农村"智慧公安"建设，健全完善农村立体化信息化社会治安防控体系。实现公共安全视频监控互联互享和农村智能安防系统全覆盖，推动农村技防资源多部门共享，拓宽运用领域，提升运用效能。依托"社区云"平台，建设城乡社区治理数据库，建立村级大数据采集、比对、流动、审核、共享机制，实现村级信息系统互联互通，全面融入"一网统管"，促进村委会减负增能。依托"一网统管"平台和网格化管理，推进建立全市村内道路建设养护信息化管理系统，完成全市村内道路地理信息落图，开发形成基础数据管理、新改建项目管理、日常养护管理、问题发现和解决、综合绩效考核等管理业务系统。

（五）不断提升乡村居民生活水平与品质

1. 不断提升农村基础设施水平

一是加强农村交通设施建设。形成广覆盖的农村交通基础设施网，全面推进"四好农村路"和村内道路建设。提升农村道路建设标准，合理确定村内道路建设标准。提升村内道路建设养护水平，健全村内道路养护机制，做到村内道路日常养护全覆盖。加强乡村振兴示范村、美丽乡村示范村乡村道路示范引领，做到示范区域有特色、整村道路无破损。

二是推动市政公用基础设施建设向农村地区延伸。完善乡村水、电、气、通信、广播电视、物流等基础设施，促进市政公用基础设施规划建设向农村地区延伸。做好管线规划与农民相对集中居住规划布局有效衔接，形成科学、经济、实用的管线网络。加大对农村电网改造、区域燃气管网建设、供水管网等基础设施的投入力度。

三是提升农村信息化水平。深化上海数字化农业农村信息平台建设，持续推进"一图""一库""一网"，推动农业大数据、物联网等信息技术在农业生产、管理、服务方面的应用。继续推进农村"雪亮工程"和"智慧公安"建设。推进农村地区 5G 网络覆盖，在崇明区重点推进 5G 在智慧园区、全清直播等场景应用，提高园区的精准化管理水平。有效发挥 5G 技术优势，实现更加精细化城乡网格管理，构建城乡智慧化管理体系。

2. 持续提升城乡公共服务均等化水平

一是持续加强郊区农村教育。不断优化郊区基础教育资源配置，在全面完成城乡公办义务教育学校"五项标准"任务基础上，启动研究新一轮城乡义务教育一体化标准，整体提升城乡义务教育学校办学条件。实施第二轮城乡学校携手共进计划，进一步提升乡村学校办学质量。采取学区化集团化办学、合作办学、委托管理等方式，推动郊区学校高起点办学。推动完善基础教育学校人员配备和编制管理政策，进一步加强乡村师资建设。开展乡村温馨校园建设，促进乡村小规模和乡镇寄宿制学校发展。扩大普惠性学前教育资源供给，落实规划配套幼儿园与新建住宅"五同步"（同步规划、同步设计、同步建设、同步验收、同步交付使用）的建设要求，提升区域内幼儿园办园质量，逐步缩小城乡差距，提升郊区学前教育水平，保障适龄幼儿接受安全优质的学前教育。完善现代农业职业教育体系，推进产教融合和校企合作，打造农村职业院校双师型教师队伍。充分发挥乡镇成人学校、村宅学习点、社会培训机构等学习载体，丰富郊区乡村成人教育服务供给。

二是不断推进健康乡村建设。加强涉农区传染病防控，提高公共卫生预防处置能力。健全乡村基层医疗服务体系，推动新一轮社区卫生服务机构建设，强化社区卫生服务功能在村级层面的落实，提升村卫生室标准化建设，加强村卫生室服务功能，逐步提高乡村居民就医可及性和农村医疗服务水平，提升基层医疗服务能级。加强村卫生室功能与社区卫生服务中心服务同质化对接，持续推进镇村卫生服务一体化管理。深入推进家庭医生签约服务，不断完善居民健康守门人制度。培养面向农村的全科医生，夯实郊区和农村基层卫生人才队伍。继续做好农村地区爱国卫生专项工作，巩固涉农区国家卫生区镇双覆盖成果。持续推进健康村镇试点建设，在首批136个试点建设基础上，形成一套健康街镇、居村建设的指标和评价体系，进一步扩大建设覆盖面，推动城乡环境卫生条件明显改善，广泛普及健康生活方式，持续提升农村居民文明卫生素质和健康素养水平，提高城乡居民健康水平。

三是继续完善农村社会保障体系。进一步完善城乡居民基本养老保险制度、基本医疗保险制度和大病保险制度。优化城乡居民养老保险制度建设，调整完善缴费档次和补贴标准，提高参保人员个人账户积累，完善"多缴多得、长缴多得"激励机制。对符合条件的城乡居民养老保险参保对象视情逐步提高加发标准。完善城乡居民养老保险基础养老金调整机制，逐步提高城乡居民养老保险基础养老金水平，基础养老金增幅不低于同期职保养老金增幅，与职保养老金水平保持合理梯度，力争达到并超过城乡低保标准。根据国家政策要求，研究调整完善被征地人员养老保险制度，切实维护被征地人员的合法权益。

四是提升农村养老服务能力。注重城乡养老服务设施和服务协调发展，推动农村养老服务设施均衡布局。丰富组有"点"、村有"室"、片区有"所"、镇有"院"四级网络服务功能。推广农村社区养老服务设施委托、集团化运营方式。支持利用农民房屋和集体所有的土地、房屋等资源建设符合农村特点的养老设施。纯农地区以村为单位，依托标准化老年活动室或部分闲置资源并结合村卫生室，建立具有生活照料功能的养老服务设施。支持和推广各具特色的农村照护模式，推广农村互助式养老服务。为符合条件的农村老人提供长期护理保险服务。探索推进"体医结合"项目，建设长者运动健康之家。

3. 促进非农就业和持续增收

一是强化农民就业促进工作。继续实施促进农民非农就业政策和就业服务，推进落实离土农民就业促进专项计划、跨区就业补贴、低收入农户专项就业补贴等专项政策举措，促进农民实现非农就业。加强公共就业创业服务，进一步健全区、镇、村三级公共就业服务体系，提升职业介绍、职业指导、就业援助、帮助创业等公共就业创业服务专业化水平，发挥互联网、大数据等技术手段对农村就业创业的支持作用，规范农村就业援助基地管理，拓展公益性岗位类型，提高托底安置能力。加强农民职业技能培训，积极开展特色农业、休闲农业、乡村旅游业等新兴业态技能培训，推广以工代赈方式，促进农村富余劳动力就地就近灵活就业。加强镇村基层就业服务平台建设，推进农村劳动力转移就业示范基地建设和充分就业地区建设。

二是深化农村综合帮扶工作。继续加大帮扶工作力度和帮扶资金投入力度，以增强"造血"能力为抓手，统筹谋划、协调推进，引导各区结合实际，聚焦经济相对薄弱村和生活困难农户开展切实有效的帮扶。进一步发挥党建引领作用，落实区级主体责任，拓宽帮扶渠道。

（六）切实增强大都市乡村发展动力

1. 强化人才支撑

一是着力培育高技能农民。夯实职业培训基础，实施新型职业农民激励计划试点。支持新型职业农民参加农业职业教育，完善农业继续教育服务体系。整合利用农业广播学校、农业科研院所、涉农院校、农业龙头企业等各类资源，加快构建高技能农民教育培训体系。

二是加强农村专业人才队伍建设。培养更多知农爱农、扎根乡村的人才，推动更多科技成果应用到田间地头。结合郊区绿色农业和区域性重点产业发展需求以及乡村建设和非遗技艺传承的需要，加大对农民首席技师和技能大师等技能带头人的培养资助力度，带动农民整体技能水平提升。加强涉农院校和学科专业建设，加大定向培养基层农技人员力度。充分发挥科技特派员作用，鼓励和吸引更多农业科技人员加入科技特派员队伍，不断提高科技特派员的数量和质量。建立高等院校、科研院所等事业单位专业技术人员到乡村和企业挂职、兼职和离岗创新创业制度，保障其在职称评定、工资福利、社会保障等方面的权益。

三是鼓励吸引社会人才投身乡村建设。完善选派优秀干部支持农村发展的工作制度，加强驻村指导员队伍建设，安排选调生到村任职。制定出台相关扶持政策，采用自主培养与人才引进相结合的方式，鼓励和支持本村在外优秀人才回流，畅通各类人才下乡渠道，支持大学生、退役军人、企业家等到农村干事创业。完善支持高校毕业生到农村基层工作的政策措施，通过政府购买岗位、实施学费和助学贷款代偿、提供创业扶持等方式，积极引导支持高校毕业生到农村基层工作和创业。发挥工会、共青团、妇联、科协、残联等群团组织的优势和力量，发挥各民主党派、工商联、无党派人士等积极作用，动员城市科研人员、工程师、规划师、建筑师、教师、医生下乡服务。完善新乡贤的支持政策，鼓励离退休党员干部、知识分子和工商界人士"告老还乡"。

2. 加强土地资源保障

一是优化农村生产、生活、生态空间布局。严守耕地红线，落实最严格的耕地保护制度，严格落实202万亩耕地特别是150万亩永久基本农田的保护目标，坚决遏制耕地"非农化"、防止"非粮化"，规范耕地占补平衡，切实落实耕地和永久基本农田保护任务。编制新一轮高标准农田建设规划，深入推进高标准农田建设，聚焦重点区域和重点项目，合理安排新增建设和改造提升计划，积极推动高标准农田建设向开发潜力大、建设成效高的区域集中。进一步完善设施农业用地管理，严禁以设施农业用地为名从事非农建设。加大乡村用地监管和违法用地整治力度，重点推进低效工业用地、设施农业用地等专项整治。

二是强化规划土地管理支持。开展农业专项规划编制，加强农业专项规划与郊野单元村庄规划等规划的有效衔接，做好土地使用等关键问题的前期统筹，切实保障重点产业项目实施落地。通过村庄整治、土地整理等方式，将节余的农村集体建设用地优先用于发展乡村产业项目。加大农村规划建设用地指标保障力度，重点保障乡村产业发展用地。各涉农区镇新编国土空间规划安排一定比例的建设用地指标，保障农村村民住宅建设和乡村产业发展用地。制定土地利用年度计划时，优先保障乡村振兴用地需求，农村村民住宅和乡村产业项目的用地指标比例不低于5%。

三是实施全域土地综合整治。乡村地区实施全域土地综合整治，统筹考虑田、水、路、林、村等国土空间要素，有机整合规划、项目、资金和建设时序，整体推进农用地、建设用地整理、生态保护修复和各类国土空间开发活动，提高耕地和永久基本农田数量和质量，促进耕地集中连片，开展全域景观风貌、重要廊道、空间节点和工程项目的村庄设计。将乡村振兴示范村、美丽乡村示范村建设与全域土地综合整治试点相结合并统筹考虑。同时，要加强历史文化名村和传统村落的保护修缮，对共同形成风貌的河道、水系、农田和植被等自然要素予以整体保护。

3. 拓宽各类资金渠道

一是保障财政优先支持乡村和农业发展。强化各级财政对乡村振兴的投入责任，进一步明确市、区、镇各级财政的事权与支出责任，在乡村基础设施建设、农民集中居住、公共服务水平提升等薄弱环节加大财政资金的投入力度。完善涉农资金统筹整合长效机制，继续探索"大专项＋任务清单"管理模式，完善财政资金"先建后补、以奖代补"方式，强化财政资金使用目标考核和监督管理。强化对"三农"信贷的货币、财税、监管政策正向激励，给予低成本资金支持。适时调整完善土地出让收入使用范围，提高土地出让收益用于农业农村的比例，优化整合现有市对区的支持政策。

二是引导社会参与乡村振兴。发挥财政投入引领作用，支持以市场化方式设立乡村振兴基金，撬动金融资本、社会力量参与，重点支持乡村产业发展。推动落实市属重点国企立足自身资源优势，结合乡村自然禀赋，积极参与乡村振兴示范村建设，创新运营模式，做大做强优势产业。优化乡村地区营商环境，广泛吸引外资、民资等社会力量参与乡村振兴。制定完善工商资本参与乡村振兴的负面清单和管理办法。符合条件的家庭农场等新型农业经营主体可按照规定享受农、林、牧、渔业项目免征或减征企业所得税以及现行小微企业相关税收减免政策。推广一事一议、以奖代补等方式，鼓励农民对直接受益的乡村基础设施建设投工投劳，让农民更多参与建设管护。

三是加大金融支农力度。深入推进银行业农村金融服务专业化体制机制建设，鼓励证券、保险、担保、基金、期货、租赁、信托等金融资源聚焦服务乡村振兴。加快农村金融产品和服务方式创新，试点开展郊区农户、中小企业信用等级评价，加快构建线上线下相结合、"银保担"风险共担的普惠金融服务体系，推出更多免抵押、免担保、低利率、可持续的普惠金融产品。提高直接融资比重，支持农业企业依托多层次资本市场发展壮大。健全农村金融风险缓释机制，加快完善"三农"融资担保体系。结合农村集体产权制度改革，探索农村集体资产股权融资方式。

4. 提升农业农村标准化管理水平

一是优化完善农业农村标准化体系。以品种模式和种业创新为主线，围绕粮食安全、农产品质量安全等重点领域，聚焦种源农业、绿色农业、装备农业，强化贯穿产前、产中、产后各关键环节的现代农业全产业链标准体系建设，持续提高农业生产标准化水平，发挥标准对农业科技创新的引领和带动作用。以乡村建设和深化农村改革为核心，探索建立涵盖乡村治理、农村基础设施建设、农村人居环境改善等领域的标准体系，发挥标准对促进城乡融合发展的引领和带动作用。以信息技术为手段，聚焦智慧农业、数字乡村，探索建立数字农业农村标准体系，形成数字乡村整体规划设计、数字乡村建设指南标准规范，发挥标准对促进农业农村数字化转型的引领和带动作用。

二是推动农业农村标准化应用推广。以种质资源关键核心技术为中心，推动实施种业育繁推一体化标准化试点项目。以推进农业绿色生产和实现产地环境保护为重点，建设一批农产品绿色生产基地，发挥绿色食品生产主体示范带动作用。以生产全程机械化和绿色高效设施装备应用为关键，推动实施蔬菜"机器换人"和粮食生产全程机械化标准化试点项目。以培育提升农业品牌为目标，实施一批地理标志农产品保护工程项目，扩大标志使用范围，提高品牌影响力。以数字乡村为导向，探索实施信息基础设施建设、乡村数字经济、乡村数字治理、信息服务整合共享标准化试点。以提升乡村建设水平为方向，总结提炼市级美丽乡村、乡村振兴示范村建设和农村综合改革标准化试点中形成的经验做法，转化为标准规范，在更大范围复制推广。

5.持续释放改革红利

一是稳妥有序推进集体经营性建设用地入市。以同地、同权、同价、同责为要求，落实集体经营性建设用地权能，建立城乡统一的建设用地市场，健全流转顺畅、收益共享、监管有力的集体经营性建设用地入市制度，制定出台本市农村集体经营性建设用地入市指导文件。鼓励各相关区探索建立农村集体经营性建设用地准备机制，有序控制入市节奏和规模，在编制年度计划的同时，充分考虑土地准备情况，对地块条件成熟、市场定位清晰的可列入供应计划。鼓励各区引入国有、民营资本共同参与集体经营性建设用地开发建设，在符合规定、农民自愿、风险可控前提下，利用集体经营性建设用地和农民房屋，发展乡村产业新业态、新模式。探索支持利用集体建设用地按照规划建设租赁住房。增强农民参与集体经营性建设用地开发建设意愿，激活乡村发展活力，强化农村发展内生动力，探索赋予农民对集体资产股份的占有、收益、有偿退出及抵押、担保、继承等权利。

二是稳慎推进农村宅基地改革。按照中央深化农村宅基地制度改革试点方案要求，以处理好农民和土地的关系为主线，以保障农民基本居住权为前提，稳慎推进农村宅基地制度改革。探索宅基地"三权分置"的具体实现形式，依法落实宅基地集体所有权，建立宅基地农户资格权保障机制，健全宅基地使用权流转制度和自愿有偿退出机制，完善宅基地使用权盘活路径和宅基地增值收益分配机制，健全宅基地审批和监管机制，探索建立从宅基地使用权"取得"到"退出"的全周期、一揽子的宅基地制度体系。充分发挥大数据作用，建立农村宅基地管理服务信息系统，完善宅基地信息动态更新机制，逐步形成宅基地信息"一张图"。

三是深化农村基本经营制度和集体产权制度改革。落实农村土地承包关系稳定长久不变，衔接落实好第二轮土地承包到期后再延长30年的政策。深化承包地"三权分置"改革，规范经营权流转管理，加快推进适度规模经营。全面实施《上海市农村集体资产监督管理条例》，强化成员大会（成员代表会议）、理事会、监事会职能，完善农村集体经济组织治理结构，切实保障成员知情权、表决权、收益权、监督权，积极稳妥推进镇级农村集体经济组织产权制度改革，坚持效益决定分配原则，鼓励有条件的集体经济组织年度分红。

五、重大工程及布局

（一）绿色田园工程

1. 浦东生鲜蔬果产业片区

依托浦东新区蔬菜、瓜果传统种植特色，厚植产业优势，打造蔬菜瓜果产销联合体和区域特色品牌。集成应用智能化设施装备技术，建设智能化生产基地，建立健全利益共享机制，形成生产、销售、经营一体化的产业联合体。

2. 金山特色果蔬产业片区

以吕巷水果公园和金石公路万亩特色果园为核心，培育"金山味道"区域公用品牌。做大做强廊下中央厨房产业集聚区建设，引进和培育一批食用菌工厂化生产企业，打造集总部、科研、科普、展示于一体的"蘑菇小镇"。

3. 金山农旅融合产业片区

依托320国道农文旅走廊辐射圈的交通优势，以绿色有机水稻、蔬菜为重点，辅以高品质水果和水产品，结合枫泾镇及周边休闲农业旅游资源，打造配套乐高乐园发展的高品质农产品供应基地和农业休闲观光区。

4.崇明现代畜禽养殖产业片区

聚焦新村乡垦区1.2万亩农地，以300万羽蛋鸡养殖产业为支撑，结合周边水稻种植、花果产业构建生态基底，打造崇明种养循环现代农业产业园。通过生态循环、智慧农场、农旅交融的模式，实现产业融合发展。

5.崇明高端设施农业产业片区

以崇明现代农业园区和港沿地区为核心，集成应用绿色生产技术，重点建设一批集花卉、蔬菜，生猪、奶牛、特色水产养殖为一体的智能化、工厂化生产基地。建设绿色农产品加工示范基地，打造农产品中央厨房。

6.嘉定数字化无人农场产业片区

围绕外冈镇1.7万亩粮田和2.5万头生猪养殖场，推进无人农场建设，实现区域内水稻全程无人化作业，畜禽粪污、秸秆资源实现循环利用，大力提升区域范围内绿色优质稻米产业化率。

7.松江优质食味稻米产业片区

利用浦南黄浦江水源保护区的生态优势，积极发展稻米产业化联合体，做精做优"松江大米"区域公用品牌。以小昆山万亩粮田为基础，推动农业高新技术的融合应用。建设五厍花卉特色农产品优势区。

8.奉贤东方桃源综合产业片区

以"奉贤黄桃"国家地理标志产品为重点，优化升级黄桃产业。结合乡村振兴示范村建设以及蔬菜等农产品生产基地，打造集休闲观光、农事体验、乡旅文创为一体的田园综合体。

9.青浦绿色生态立体农业片区

以练塘镇万亩粮田和青浦现代农业园区为核心，打造水稻、水生作物、特种水产"三水"融合的立体种养模式，积极发展无土栽培和植物工厂，做好"美环境""种风景"大文章，提升农业综合效益。发展林下经济。

10. 宝山乡村康养产业片区

罗泾镇北部五村联动，以塘湾村母婴康养产业为龙头，海星村千亩蟹塘、花红村绿色米食基地、新陆村绿色蔬菜基地和洋桥村果蔬乡肴基地为支撑，做强母婴康养和绿色农产品上下游产业链，打造大健康乡村新产业。

11. 闵行都市田园农业片区

依托浦江郊野公园、召稼楼古镇、革新村，结合航宇科普教育基地及特色农产品生产基地，串点成线，在浦江镇中东部地区为广大市民近距离打造"休闲＋科普"的新生活空间。

12. 光明现代种养循环产业片区

建设爱森海湾生态养殖基地，探索环保配套集中、集约化程度高的养殖模式。建设现代化蔬菜种植示范园，实现全程机械化生产模式。强化智能装备集成，绿色生态循环，为都市现代种养业发展提供示范。

13. 横沙东滩现代农业产业片区

厚植横沙东滩生态环境优势，根据地块成陆、土地整理和土壤改良的实施节奏，分步骤、有时序地发展资源循环型绿色、有机种养业，努力打造绿色有机产业高地、生态价值和谐共生高地、智慧农业高地、品质农业体验高地。保护横沙东滩空间资源，实现发展和保护相统一，提升生态空间综合效益。

（二）美丽家园工程

1. 推进农村人居环境优化工程

巩固"十三五"农村人居环境整治行动成果，以民心工程为抓手，持续推进农村人居环境面貌提升。建立健全农村人居环境长效管护机制，提高农村公共基础设施和环境管理信息化水平，深化自治共治，加大长效管护资金保障力度，实施工作考核，建立常态化督查机制。完成 3.6 万户农户的村庄改造，对早期实施村庄改造的村开展风貌和功能提升工作，以镇为单位，加强乡村风貌融合。深化农村垃圾分类和收集模式，推动湿垃圾就地资源化利用设施建设和配套装置升级。提升农村生活污水处理水平，推进老旧设施提标改造。推进生态清洁小流域建设，连片实施中小河道整治，逐步恢复乡村河湖水系格局。加快推进 700 公里村内破损道路、500 座沿线破损桥梁基本达标改建。到 2025 年，农村生态环境进一步好转，基本形成生态宜居的农村人居环境。

2. 建设市级美丽乡村示范村和乡村振兴示范村

推动美丽乡村示范村和乡村振兴示范村"由数量到质量、由盆景到风景"转变。推进示范村集中连片建设，将已建、在建示范村串点成线，打造乡村振兴示范片区。促进示范村建设与农业产业的深度融合，以做强农业产业为底色，组团式植入新产业新业态。深化村庄设计理念，修复水系、林地、农田环境，提升整体景观，凸显乡村特色风貌。推动农村体育设施提档升级，示范村实现"一道（市民健身步道或自行车绿道）、一场（多功能运动场）、多点（市民益智健身苑点）"，在村综合文化活动室、村民教室等场所因地制宜配置健身房、乒乓房等嵌入式健身场所。推进示范村功能性服务设施区域共享，发挥对周边区域服务功能，建立参与、决策、监管全过程参与机制。到 2025 年，全市村庄布局规划确定的保留村美丽乡村建设实现全覆盖，完成 300 个以上市级美丽乡村示范村、150 个以上乡村振兴示范村建设任务，推动形成一批可推广可示范的乡村建设和发展模式，并发挥区域引领带动效应。

3. 推进农民相对集中居住和提升乡村风貌

在充分尊重农民意愿的基础上，通过引导农民相对集中居住，让更多农民共享城镇化地区和农村集中居住社区更好的基础设施和公共服务资源，促进土地资源集约节约利用，使更多农民群众改善生活居住条件。推进农村"平移"居住点统一规划、统一设计、自主联合建设，保持乡村风貌、建筑肌理、乡土风情，体现上海江南水乡传统建筑元素风貌，提升乡村风貌和农房建筑设计水平。

（三）幸福乐园工程

1.开展农村公路提档升级

加强道路拓宽、路面改造、危桥改造、安防工程及附属设施增设等，完成2 000公里农村公路提档升级改造；至2025年末，累计完成3 200公里，乡、村道安全隐患基本消除，优、良、中等路比例达90%以上，区域公交服务水平明显提升。积极推进"四好农村路"示范创建，乡村振兴示范村、市级美丽乡村示范村至少有1条"四好农村路"示范路。

2.实施城乡学校携手共进计划

以提升农村义务教育学校办学质量为核心，推动中心城区优质学校、优质教育专业机构赴郊区对口办学，通过全方位托管或关键项目合作，为郊区输入优秀的师资团队和专业的教育资源，促进农村义务教育学校优质、健康、可持续发展。全面总结第一轮城乡学校携手共进计划，评估实施效果，启动第二轮城乡学校携手共进计划。到2025年，基本实现乡村小规模学校全部纳入城乡学校携手共进计划或公办初中强校工程。

3.开展农村养老提升行动

加大农村养老设施建设力度，实现农村养老设施配置均衡可及。到2025年，农村每个街镇（乡）至少建有1～2个标准化养老院，满足失能失智老年人集中养护需求。建设综合为老服务中心，在街镇全覆盖的基础上，按片区均衡布局，郊区每个基本管理单元原则上都要设置1处养老服务综合体。大力发展家门口服务站，重点发展500平方米以下的功能性养老服务设施，农村社区每个行政村至少设置1处家门口服务站。大力发展社区助餐服务，以建设集膳食加工配置、外送和集中用餐于一体的社区长者食堂为重点，每个街镇一般建设 1 ～ 2 个供餐能力在 150 客以上的社区长者食堂。全面推广老年人睦邻点建设，到 2025 年，纯农地区村组睦邻点实现全覆盖，全市农村地区示范睦邻点达到 3 000 家，互助式农村养老服务得到充分发展。加强农村养老护理队伍建设，农村养老护理员持证比例达到 80% 以上。

4. 推进农民长效增收计划

加强农民培训促进就业，开展针对性培训，加快培育高技能农民。构建多方参与的培训体系，充分发挥行业企业培训主体作用，加强高技能人才培训基地建设，提高农民培训质量。以服务区域产业发展为重点，分类实施农民就业技能培训，推进农业从业人员培训、农民产业工人技能提升培训、农村实用技能人才培训等。继续深入开展农村综合帮扶，加大帮扶力度，提高统筹层级，拓宽增收渠道，建设一批收益稳定长效的帮扶项目，显著提高低收入农户生活质量和水平。发展新型集体经济，增加财产性收入。鼓励开展农村闲置农房、存量集体建设用地盘活利用试点。加快推进镇级农村集体产权制度改革，积极推动镇村集体经济组织年度收益分配，促进农民财产性收入持续增长。

六、保障措施

（一）加强组织领导

1. 健全党领导的体制机制。充分发挥市实施乡村振兴战略工作领导小组的决策协调功能，完善党委领导、政府负责、党委农村工作部门统筹协调的领导体制，建立健全事关乡村振兴重大事项、重点问题、重要工作由党组织讨论决定的机制，落实党政一把手是第一责任人、五级书记抓乡村振兴的工作要求，让乡村振兴成为全党全社会的共同行动。

2. 加强市级部门工作统筹。进一步加强市级部门统筹力度，市有关部门要各司其职，明确年度目标任务，制定工作实施方案，在规划标准制定、重要改革措施推进、项目政策协调、资金资源配置和监督执法检查等方面形成长效机制，指导和帮助区、街镇（乡）、村共同推进落实乡村振兴战略规划。

3.进一步落实区的主体责任。各涉农区要切实履行好主体责任，依照本规划明确区级目标任务，细化实化政策措施。完善城乡融合体制机制和政策体系，进一步加大在乡村基础设施建设、生态环境整治、基本公共服务均等化、农村社会治理和改善农村民生等方面的投入力度，努力使乡村振兴成果更多惠及广大农民群众。

（二）强化实施监督

1.建立健全实施乡村振兴战略领导责任制。实施乡村振兴战略年度报告制度，各涉农区党委和政府每年向市委、市政府报告本区实施乡村振兴战略的进展成效、问题瓶颈和措施建议。建立区、乡镇党政领导班子和领导干部推进乡村振兴战略的实绩考核制度。实行粮食安全党政同责，完善粮食安全省长责任制和"菜篮子"市长负责制。加强党委农村工作机构建设。

2.建立健全考核制度。市有关部门加强对区、乡镇乡村振兴工作的考核，根据各区实际特点，聚焦镇村规划落实、农业现代化水平提高和产业融合发展、推进农民相对集中居住、农村基础设施建设和环境整治、农村民生改善以及农村重要领域改革和粮食安全等重点任务，因地制宜形成可分解、可考核、可评估的工作指标，纳入区党政领导班子绩效考核。加强乡村振兴领域的统计监测，为评估考核工作成效提供依据。引入第三方力量，建立健全乡村振兴评价评估体系，加强评估成果的应用，确保各项工作得到全面落实。

3.建立专项工作督查制度。建立以市为主体、农民参与的乡村振兴专项督查制度，每年度对涉农区、街镇（乡）、村以及牵头责任部门开展全面督查，对规划中确定的重要指标、重大工程、重大项目和重要任务，明确责任主体和进度要求，通过定期书面报送、现场督查、人大代表和政协委员视察以及新闻媒体监督等，开展多形式、常态化督查，接受全社会监督。

（三）营造良好氛围

1. 扩大社会参与。搭建全过程、全方位的公众参与平台。建立健全有效激励机制，鼓励和引导社会组织、有志青年和成功人士、社会公众积极参与乡村振兴工作，引导市属国有企业助力乡村振兴战略实施。建立乡村振兴专家决策咨询制度，组织专业智库加强超大城市乡村振兴的理论和实践案例研究，汇聚全社会共同参与乡村振兴的智慧和合力。

2. 加强引导和宣传。加强推进乡村振兴战略的宣传，拓宽宣传渠道、丰富宣传内容、创新宣传形式，增强广大群众对乡村振兴工作的认同感和主人翁意识，及时总结基层生动实践，讲好上海故事，营造良好社会氛围。

上海市农产品绿色生产基地创建工作实施方案（2021—2025年）

（2021年3月1日发布）

为做好农产品绿色生产基地创建工作，以点带面推动农业绿色发展，按照本市乡村振兴战略和《上海市推进农业高质量发展行动方案（2021—2025年）》（沪府〔2020〕84号）要求，结合都市现代绿色农业发展实际，特制定如下实施方案。

一、主要目标

创建农产品绿色生产基地，通过优化区域布局，强化生产全程质量控制和生态环境保护等途径，全面推行绿色生产方式，提高绿色农业综合生产能力，夯实绿色优质农产品有效供给基础。力争到2025年底，全市农产品绿色生产基地覆盖率达到60%，种植业和养殖业绿色生产基地覆盖率均达60%（种植业基地按创建面积占地产农产品种植总面积的百分比计、畜禽养殖业基地按创建主体数占规模化养殖主体总数的百分比计、水产养殖业基地按创建面积占水产池塘养殖总面积的百分比计）。

二、工作原则

（一）统筹规划，整合资源。绿色生产基地创建应注重顶层设计，统筹规划产业布局、技术模式、科技支撑和配套政策，与各类标准园、示范基地、示范村、示范镇、示范区及"三园工程"建设相协调，整合资源、形成合力、全域推进。

（二）聚焦重点，有序推进。绿色生产基地创建应围绕实现地产农产品绿色化、优质化的目标，以组织化和专业化程度较高的基地为重点，应用统防统治、绿色防控、健康养殖等技术，为保障地产绿色优质农产品的有效供给打好基础。

（三）标准引领，示范带动。绿色生产基地创建应以绿色发展为导向，制定科学的评价体系和制度体系，严格落实《农产品绿色生产基地建设管理规范》，发挥辐射带动作用，逐步形成覆盖全产业、全区域和全主体的都市农业绿色生产格局。

三、创建内容

农产品绿色生产基地创建内容主要包括以下五个方面：

（一）基地建设。基地应符合生态环境良好、田块平整、布局有序、避开各类污染源等要求；基地空气、土壤、水等环境指标应满足《绿色食品 产地环境质量》（NY/T 391）要求；基地应配套生产相应的各类基础设施。

（二）生产管理。基地应从农业生产过程中投入品规范使用、病虫草害绿色防控技术应用、疫病防治和病死畜禽无害化处理、收储运技术规范、溯源信息化等方面实施全过程质量控制管理，推进标准化生产。

（三）污染防治。基地应做好农业生产过程中产生的各类废弃物和污染物的处置工作，加强秸秆综合利用、农膜和废弃包装物回收、粪污资源化利用、养殖尾水和底泥处理、恶臭控制等工作，有效保护和提升农业生产环境质量。

（四）监测评估。基地应每年对产品和环境开展监测，实现质量管控与生产环境改善的有效结合。其中，种植业基地应对土壤质量和地力保持开展监测；畜禽养殖业基地应按有关要求开展监测；水产养殖业基地应对养殖尾水、池塘底泥等开展监测。

（五）管理制度。基地应加强管理体系建设，制定规范生产、岗位管理、环境管理和投入品管理等制度，并将各项制度上墙，促进基地规范化、标准化生产。

四、管理程序

农产品绿色生产基地创建期为一年。各区农业农村委要结合实际，认真制定本区2021—2025年绿色生产基地创建实施方案，明确年度目标任务、工作程序及技术路线，组织做好创建申报、基地自评、检查验收等工作。市农业农村委对绿色生产基地创建工作开展随机抽查。

（一）绿色生产基地创建申报。每年4月底前，各区农业农村委组织做好下一年度绿色生产基地创建计划及实施方案，并报市农业农村委备案。同时，各区农业农村委应在上海农业"一张图"中明确标识绿色生产基地创建范围。

（二）绿色生产基地自我评价。次年6月底前，各区农业农村委根据各类农产品生产进程，按照《农产品绿色生产基地建设管理规范》要求，组织辖区内绿色生产基地创建单位开展自评工作，形成自评报告并报市农业农村委备案。

（三）绿色生产基地验收检查。次年8月底前，各区农业农村委根据各类农产品生产进程情况，组织开展辖区内当年度绿色生产基地创建单位现场检查验收工作，形成验收总结报告并报市农业农村委备案。验收通过后在各区农业农村委网站向社会公示。

对于历年已创建的绿色生产基地，各区农业农村委应结合实际工作适时组织开展随机抽查。市农业农村委每年将委托第三方服务机构对各创建单位开展随机抽查。

五、保障措施

（一）加强组织领导。各区要高度重视农产品绿色生产基地创建工作，建立联席会议制度和长效管理机制，明确职责分工，协调多方力量和各方资源，推进绿色生产基地创建工作。

（二）广泛开展培训。结合《农产品绿色生产基地建设管理规范》、基地评价表、创建中存在的问题及典型经验等内容，各区认真做好绿色生产基地创建指导与培训工作。

（三）强化监督考核。将绿色生产基地创建工作纳入对区的绩效考核。各区应按照实施方案细化具体任务，定期对创建工作进展情况进行综合评估，加大经验推广和问题整改力度，创新方法机制，确保基地建设取得实效。

（四）落实资金保障。绿色生产基地创建是一项系统工程，需要统筹资源、共同推进。各区要统筹好高标准农田建设、都市现代农业、科技兴农等项目资金以及农机补贴、绿色农产品发展奖补等资金安排，切实保障基地创建经费支持。

上海市农产品质量安全"互联网＋监管"工作实施方案

（2021 年 3 月 5 日发布）

为进一步推进农业高质量发展，加强我市农产品质量安全"互联网＋监管"工作，全面提升农产品质量安全信息化工作水平，维护人民群众身体健康和生命安全，结合我市实际，制定本实施方案。

一、充分认识"互联网＋监管"的重要意义

加强农产品质量安全"互联网＋监管"工作，是贯彻落实党中央、国务院关于创新监管方式的总体部署和深化推进《上海市"互联网＋监管"工作实施方案》的必然要求，是进一步促进农产品质量安全监管工作规范化、精准化、智能化，提高农产品质量安全治理体系和治理能力现代化水平的重要工作载体。各区农业农村委要高度重视，切实采取有效措施，实现农产品质量安全监管工作痕迹化、采集信息标准化、检查地块数字化，切实加强农产品生产过程质量管控。

二、工作目标

通过应用"上海市农产品质量安全移动监管及分析系统"（以下简称"沪农安系统"），推行农产品质量安全"互联网＋监管"工作，全面归集各类监管数据，建设完善行政执法监管、风险预警、

分析评价等子系统，为开展"双随机、一公开"监管、联合监管、信用监管等提供支撑，提升农产品质量安全监管的制度化、常态化和规范化水平，建立"层层负责、上下互动、边界清晰、责任明确、覆盖全市"的市、区、镇、村农产品质量安全管理体系。健全和加强监管、监测、执法三支队伍建设，实现监管工作痕迹化、采集信息标准化、检查地块数字化，推动实现规范监管、精准监管、联合监管。

三、工作任务

（一）强化监管检查，做到监管留痕

各区应落实农产品质量安全监管责任，应用沪农安系统开展实地检查，核查生产主体所在区域位置、地块编号信息及相关农产品生产信息，实时采集监管数据、即时上传，实现对农产品的产地环境、生产主体情况、投入品使用情况等监管信息痕迹化管理。

（二）强化抽样监测，加强预警研判

各级农业农村部门要充分应用沪农安系统开展农产品质量安全监测工作，紧密结合日常监管和专项整治，认真排查风险点、薄弱环节和重点隐患，并充分运用抽检监测结果，加强各种检验检测数据的综合利用，深入挖掘、梳理、分析线索，找出和预警区域性、系统性风险，及时提出应对措施，努力把问题和隐患消灭在萌芽状态。

（三）强化监督抽查，严格行政执法

各区农业农村委执法大队要加强沪农安系统在农产品质量安全监管执法中应用，强化监督抽查工作，及时上传监督抽查信息和不合格产品查处情况，严格按照行政处罚（强制）案件"应上尽上"要求，及时规范录入案件处罚结果。加大内部监督力度，注重从源头上预防和杜绝行政不作为、乱作为现象的发生。

四、工作要求

（一）进一步健全网格化监管体系

各区要进一步健全农产品质量安全网格化监管体系，建立以行政村为基础的监管网格，落实村级监管责任人，包片包户、责任到人，将监管对象全部纳入网格化管理，不漏一家主体，不少一块地块。

（二）进一步推进信用档案动态管理

各区要以村级网格为基础，全面开展农产品生产企业、农民专业合作社、家庭农场、种养殖户等相关生产主体的摸底、登记、造册，应用沪农安系统建立生产主体信用档案数据库，完善农产品生产经营主体信用档案动态管理。

（三）进一步落实告知承诺制度

各区要在3月底前组织完成本年度农产品质量安全告知书的发放和承诺书的签订工作，要求生产主体在承诺书中如实填写本年度的生产经营区域和面积、农产品种类和品种、生产方式和范围等内容，并从农业生产信息现状图上截图标记生产地块区域信息。

（四）进一步规范监管数据采集

1. 完善监管基础数据库

各区要组织做好监管、检测、执法等单位及人员信息库维护，并做到辖区生产主体底数清、情况明，建立完整的生产主体名录，包括农产品生产企业、农民专业合作社、家庭农场以及面积10亩以上的种植养殖生产主体。"二品一标"主体为绿色食品认证主体、有机农产品认证主体（包括中绿华夏有机食品认证中心认证的主体以外的所有主体）、地理标志农产品生产经营主体。违法行为能够得到及时查处，违规行为能够得到及时纠正，消灭监管漏洞，还应当结合证后监管对"二品一标"主体的信息及时进行核查更新。

2. 及时录入日常巡查及"二品一标"监管信息

各区应结合网格化监管工作安排有计划地组织开展巡查工作，对辖区所有规模化生产主体每季度开展 1 次巡查，还应对辖区所有绿色食品、有机农产品和地理标志农产品生产经营主体每月开展 1 次巡查。对辖区所有绿色食品、有机农产品认证主体开展 1 次年度检查。

3. 准确录入农产品监测信息

承担市、区农产品监测任务的检测机构要通过沪农安系统及时填写农产品采样单，如实记录主体名称、样品用药、抽样地块、现场图片、检测项目等相关监测信息。采样后 10 日内完成对应的实验室检测工作，对应样品编号上传检测报告。每月 25 日完成当月检测结果汇总，上传每月检测汇总表。

4. 及时录入行政执法信息

各区要进一步规范执法检查流程，保障依法履职，组织开展"双随机"抽查等监管任务，要通过沪农安系统及时填写采样单，如实记录主体名称、样品用药、抽样地块、现场图片、检测项目等相关监测信息。执法人员要在沪农安系统中及时录入农产品质量安全行政处罚情况，更新违法主体的信用档案信息。

五、保障措施

（一）强化组织领导

各区要高度重视农产品质量安全"互联网＋监管"体系建设，成立区级推进工作领导小组，充分利用大数据、物联网等新技术开展分类分级管理，加强动态监测、智能预警，强化信用档案管理。特别要完善村级网格化管理，落实"区域定格、网格定人、人员定责"要求，强化沪农安系统应用和管理。

（二）强化资金保障

各区要健全农产品质量安全监管执法经费保障机制，将农产品质量安全监管执法经费纳入同级财政全额保障范围，推进基层农产品质量安全监管站标准化建设，配备农产品质量安全流动服务车、巡查电动车、移动监管终端、应急防护装备等设施设备。

（三）强化工作考核

"互联网＋监管"工作已纳入 2021 年度乡村振兴重点任务考核工作中，各区农业农村委要对照《上海市农产品质量安全"互联网＋监管"工作考核表》落实考核工作要求，确保"互联网＋监管"工作取得实效。

上海市农产品质量安全中心关于进一步提高本市绿色食品申报材料质量的通知

沪农安〔2021〕10号

各区级工作机构：

绿色食品标志许可审查工作是保障绿色食品事业高质量发展的第一关。为充分发挥区级工作机构的职能作用，进一步提高标志许可审查工作质量和效率，现就有关事项通知如下：

一、组织集中审核

受疫情及经费缩减影响，上海市农产品质量安全中心（以下简称"市中心"）将逐步减少市级统一组织材料集中审核会次数，各区级工作机构可自行组织辖区内材料集中审核，市中心派人参与并指导，鼓励邀请辖区外经验丰富的检查员参与审核。请各区级工作机构做好材料集中审核计划及经费保障。

二、开展材料抽查

为提高区级工作机构材料审查质量，规范审查程序，统一审查尺度，规范现场检查报告等材料的编制和撰写，市中心将采取批次抽查的方式，对各区上报的材料每批次按30%的比例进行抽查。实施抽查时，若发现抽查材料存在问题需要修改的，则整批次材料予以退回。市中心对上报中国绿色食品发展中心的材料进行最终审核把关。

三、实施线上申报

为推进本市绿色食品管理信息化水平，中心决定自 2021 年 4 月 1 日起启用"上海市绿色食品标志许可管理平台"（以下简称"系统"），不再受理纸质材料。各区级工作机构要统一思想，提高认识，统一行动，在前期系统试用的基础上认真组织学习和培训，做好电子印章准备，尽快熟悉和掌握系统操作方法，确保绿色食品信息化工作顺利开展。

上海市农产品质量安全中心

2021 年 3 月 8 日

上海市农产品质量安全中心关于转发进一步完善绿色食品审查要求的通知

沪农安〔2021〕12号

各区级工作机构:

现将《中国绿色食品发展中心关于进一步完善绿色食品审查要求的通知》(中绿审〔2021〕34号,以下简称《通知》)转发给你们,请认真贯彻落实。

一、《通知》是深入贯彻农业农村部工作部署和总体要求,扩大绿色食品有效供给,推进绿色食品高质量发展的具体落实,各区级工作机构要高度重视,认真学习领会文件精神。

二、严格执行申报规模、注册商标、平行生产、委托加工的审核;加大新申报产品中加工产品数的比例,原则上不应低于40%;鼓励企业积极续展,各区续展率不应低于60%。

三、各区级工作机构要进一步强化目标导向,严格落实各项工作责任,对绿色食品的审查要求落实情况将纳入区级工作机构年度考评。

特此通知。

附件:1.中国绿色食品发展中心关于进一步完善绿色食品审查要求的通知(中绿审〔2021〕34号)
2.关于中绿审〔2021〕34号文的解读

上海市农产品质量安全中心
2021年3月17日

235

附件1

中国绿色食品发展中心关于进一步完善绿色食品审查要求的通知

中绿审〔2021〕34号

各地绿办（中心）：

为深入贯彻农业农村部工作部署和总体要求，落实好绿色食品高质量发展目标任务，扩大绿色食品有效供给，提升绿色食品产业发展水平，推动"十四五"绿色食品事业开好局、起好步，现就推进绿色食品高质量发展的审查要求通知如下。

一、扎实做好引导服务，加大企业主体培育力度，加快申报进程，国家级龙头企业可由中心直接受理审查，省级龙头企业可由省级工作机构受理审查。

二、统筹种植产品、养殖产品、加工产品发展布局，扩大绿色食品有效供给。新发展的绿色食品产品中，加工产品占比应不低于40%。

三、提高蔬菜、水果最小申报规模。露地蔬菜最小申报规模应在200亩（含）以上，设施蔬菜最小申报规模应在100亩（含）以上；水果最小申报规模应在200亩（含）以上；全国绿色食品原料标准化生产基地、省级绿色优质农产品基地内集群化发展的申报主体，按照原有规定执行。

四、注册商标作为申请绿色食品的基本条件。2021年起先行对预包装食品增加注册商标（含授权使用商标）的审查要求。

五、严格限制平行生产。对蔬菜或水果初次申报主体，应当一次性完成全部产品申报；对蔬菜或水果续展主体，如存在平行生产情况，要求全部产品统一按照绿色食品标准组织生产后，再申报续展。

六、严格委托加工条件要求。对委托加工产品（不含委托屠宰加工），在执行原有条件基础上，要求被委托方必须是绿色食品企业。

七、进一步加大对续展企业的支持力度，对长期使用绿色食品标志的企业给予优惠政策。

八、建立续展率与新增产品数挂钩的联动工作机制。对当年续展率未达到 60% 的省份，中心将在下一年度暂停分配或按比例扣减新增指标。

上述政策要求自 2021 年 5 月 1 日起施行。各地要进一步强化目标导向，切实加强组织领导，积极完善工作机制，落实各项工作责任，全力保障绿色食品高质量发展。

特此通知。

中国绿色食品发展中心

2021 年 3 月 15 日

附件 2

关于中绿审〔2021〕34 号文的解读

一、最小申报规模应如何理解？

答：中绿审〔2018〕66 号文件已规定：生产规模指同一申请人申报同一类别产品如粮油作物种植、肉牛养殖等的总体规模。申报规模应理解为申请人绿色食品生产的总体规模，不仅包括种植或养殖面积，生产道路、生产设施（含立体栽培）等占地面积计算在内（即土地注明或者合同约定的面积）。

此外，同一申请人基地内如有多个产品类别同时申报，生产规模须达到产品类别最大规模要求，如蔬菜、水果、粮油等总体生产规模满足 500 亩（含）以上即可同时申报，单个产品或品种的生产规模不作具体要求。

二、设施水果、坚果产品的最小申报规模如何执行？

答：设施水果参照执行设施蔬菜最小申报规模，满足 100 亩（含）以上要求。

坚果类产品最小申报规模应根据作物类别执行，如核桃、板栗按照水果执行，葵花籽按照粮油作物执行；西瓜籽、南瓜籽参照蔬菜水果执行。

三、涉及蔬菜、水果平行生产（含轮作）的情况，如何申报或续展？

答：1. 同一申请人只要是涉及生产蔬菜或水果，基地内就不应存在平行生产情况，全部产品（包括轮作）都应当申报。如玉米和蔬菜轮作，玉米也需要申报。

2. 初次申报时，同一生产季节的产品原则上应在当季一次性申报。如存在轮作情况，当季产品可正常申报，其轮作产品应在其最近一个轮作周期内（不超过一年）完成补充检查和增报。

3. 续展申报时，考虑到续展时限要求，可先按照续展条件申报原续展产品，平行生产的产品可随续展一起增报，如不能同时续展增报，应在产品最近一个生产周期内（不超过一年）完成增报。

4. 平行生产情况应当作为年检工作的检查重点，省级工作机构应督促蔬菜、水果申请人尽快完成全部产品申报。

四、续展和增报如何执行文件要求？

答：文件要求实施前已获证的绿色食品企业，续展和增报可不执行文件中最小申报规模、注册商标、委托加工要求。如续展时未满足文件中最小申报规模条件，仍可按照原条件规定正常申报续展或增报。

五、生鲜农产品有包装，是否需要注册商标？

答：凡是提供包装标签的产品，需执行注册商标（含授权使用商标）的审查要求。

六、国家级龙头企业如何受理审查？

答：初次申报或续展的国家级龙头企业可由中心直接接收申请人材料，后续审查工作由中心负责。

中国绿色食品发展中心

2021 年 3 月

上海市农产品质量安全中心关于转发《绿色食品审查工作规范行动实施方案》的通知

沪农安〔2021〕13号

各区级工作机构：

现将中国绿色食品发展中心《绿色食品审查工作规范行动实施方案》转发给你们，并结合我市实际，提出以下工作要求，请抓好贯彻落实。

一、高度重视，强化对绿色食品审查工作重要性认识

各区级工作机构要高度重视，把提高绿色食品审查工作质量和效率作为当前一个时期的重要任务，扎实推进绿色食品审查工作，促进审查工作质量和效率提升全面压实分级审查管理责任。

二、狠抓落实，严格执行申报数量、材料编制的要求

各区级工作机构要充分考虑发展需求和产业布局，统筹好全年绿色食品申请数量，合理安排辖区内绿色食品申报审查工作；严格执行申请材料装订顺序和装订要求，申请材料封面及目录应按照附件2至附件4的格式制作。

三、压实责任，扎实推进审查质量提升工作

各区级工作机构要进一步强化目标导向，严格落实各项工作责

任，对发现的问题要及时予以纠正，对绿色食品的审查要求落实情况将纳入区级工作机构年度考评。

特此通知。

附件：1.绿色食品审查工作规范行动实施方案
　　　2.绿色食品申请材料装订要求
　　　3.绿色食品申请人材料封面及目录
　　　4.上海市农产品质量安全中心提供资料　目录
　　　5.上海市农产品质量安全中心存档资料　目录

上海市农产品质量安全中心
2021年4月6日

附件1

绿色食品审查工作规范行动实施方案

为深入贯彻落实农业农村部农产品质量安全工作总体部署和工作要求，扎实推进绿色食品审查工作，促进审查工作质量和效率提升，现就开展"绿色食品审查工作规范行动"制定本实施方案。

一、指导思想

以习近平同志关于"三农"工作的重要论述为指导，以增加绿色食品供给、提高绿色食品质量为主攻方向，以提高绿色食品审查工作质量和效率为中心任务，全面落实绿色食品生产主体责任，提升绿色食品检查员能力水平，全面压实分级审查管理责任，为绿色食品高质量发展奠定基础。

二、主要目标

（一）全面落实农业农村部工作部署和目标任务。按照"统筹兼顾、突出重点、分类指导、分区施策"的原则，积极推动农业产业化龙头企业、农民专业合作社示范社和加工型企业发展绿色食品，进一步优化调整绿色食品申报主体结构，产品结构和区域结构，着力增加绿色食品有效供给，确保高质量完成今年目标任务。

（二）全面健全绿色食品工作机构审查责任体系。进一步构建权责清晰、高效健康的分级审查工作体系，全面提升绿色食品审查工作质量和效率，到2021年底，绿色食品初次申请的第一次综合审查意见为合格的材料数量比例（以下简称"一次性审查通过率"）达到40%，续展申请抽查一次性审查通过率达到60%。

（三）全面落实绿色食品生产主体责任。以强化绿色食品企业内检员、检查员培训和审查工作质量考核评价为重点，全面落实绿色食品生产主体责任、全面提升检查员工作能力水平，力争到2021年底，绿色食品初次和续展生产主体内检员培训实现全覆盖。

三、工作任务及措施

（一）统筹安排绿色食品申报数量。按照"稳存量、优结构、增总量"要求，充分考虑发展需求和产业布局，统筹好全年绿色食品申请数量，编制2021年绿色食品初次申请产品发展指标，指导各省级工作机构合理安排辖域内绿色食品申报审查工作。

（二）严格规范申报材料编制要求。严格执行《绿色食品标志许可审查工作规范》第二章第九条要求，规范申请材料的形式和内容，申请材料应按照绿色食品申请材料装订要求装订成册。凡是未按要求装订的一律不予登记建档。

（三）强化内检员培训和责任落实。通过加强内检员培训，强化申请材料填写的规范性、真实性，引导申请主体针对生产实际情况，制定生产技术措施，严格规范投入品的使用。在内检员培训平台组织开展内检员绿色食品知识竞赛，增加相关标准解读课程，专题讲解符合绿色食品要求的农药、肥料施用等生产技术，并作为内检员注册和续展企业内检员再注册必修课。

（四）强化检查员责任意识。严格落实现场检查责任制，按照承担现场检查的工作机构总监督、检查组长总负责的要求，严肃问责检查员不到现场、代写报告等弄虚作假行为，杜绝走形式、走过场、应付式检查。凡是综合审查和续展抽查发现现场检查存在严重问题的，暂停检查员当年检查资质，取消优秀检查员评选资格，同时限制所属市级区域内申请材料报送，由省级工作机构监督整改。

（五）强化工作机构责任落实。未实施分级管理的省份要积极创造条件加快推进。已实施分级管理的省份要严格执行分级管理备案制度，进一步强化制度建设和责任落实。各省级工作机构要切实履行初审和续展综合审查工作职责，压实监督管理责任，对照制度规范开展分级管理自查，认真查找问题，对发现的问题隐患和不规范行为，整改率要达到100%。

（六）强化考核评价结果运用。统计各地申请材料综合审查一次性通过率，对于初次申请一次性审查通过率低于40%、续展申请一次性审查通过率低于60%和存在严重问题的，暂停申请材料报送。

四、进度安排

（一）动员部署阶段（3月至4月）中心印发《绿色食品审查工作规范行动实施方案》通知；各地贯彻落实方案要求，积极做好培训宣贯，集中排查整改。

（二）审查实施阶段（5月至11月）自实施方案发布之日起，各地严格按要求组织申报和审查工作，中心将在5月至11月开展集中审查评价工作。初次和续展申请材料，省级工作机构在4月1日以后完成初审和综合审查的，限期20个工作日内报送中心，未按要求装订的申请材料，安排集中退回，限期10个工作日内整改后重新报送。中心每月初统计各地申请材料一次性审查通过率并通过线上工作群发布排名，督促各省级工作机构从严把控审查质量，做好落实整改工作。

（三）总结评估阶段（12月）

通过集中审查整改提升，审查质量大幅提升，取得良好成效，各地及时总结经验做法，中心通报处理结果和工作成效，研究建立工作评价指标和考核方案。

五、相关要求

（一）强化组织领导。建立省级负总责、市县抓落实的责任机制。加强组织领导，压紧压实工作责任，明确工作要求，各相关地市县级工作机构要积极落实，扎实推进审查质量提升工作。

（二）加强督促检查。各省级工作机构要强化对地市县级工作机构提升工作的督促指导，认真扎实做好资质审查、投入品管理和现场检查等工作，对发现的问题要及时予以纠正，注重收集工作情况，及时报送相关信息。中心将适时采取现场核查、飞行检查等形式对各有关单位提升整改情况开展督查。

（三）构建长效机制。坚持边提升、边总结，把建立的审查责任制度固定下来并严格执行落实。坚持标本兼治、长短结合，高标准常态化推进审查工作，建立长效机制，坚决防止问题反弹。

附件 2

绿色食品申请材料装订要求

一、总体要求

1. 申请材料禁止使用拉杆夹等易散装订方式；

2. 申请材料应有目录；

3. 申请材料中各个部分材料之间建议使用中间页或申请人材料与工作机构材料分册。

二、申请材料装订顺序

（一）申请人材料

1. 封面及目录；

2. 申请书；

3. 调查表（涉及多环节时，应按"种植 - 养殖 - 加工"顺序）；

4. 资质证明文件（内检员证书，定点屠宰许可证，采矿许可证，食盐定点生产许可证，采水许可证等），其他法律法规要求办理的资质证书复印件（适用时），如为委托加工，提供被委托加工厂的营业执照、SC 证书及明细表等；

5. 质量控制规范（质量手册，基地管理制度或办法，平行生产管理制度等）；

6. 生产操作规程（种植、养殖、加工操作规程等）；

7. 种植、养殖基地来源及证明材料；

8. 种植、养殖和加工场所位置图，基地分布图，加工平面布局图等；

9. 基地清单（种植基地清单，养殖基地清单，蜂场清单等），内控组织清单，农户清单（必要时）；

10. 其他合同或协议及相关凭证（购销合同，委托合同，加工原料购买合同，饲料及饲料原料购买合同等）；

11. 生产记录（种植、养殖、加工记录等）（仅续展申请人提供）；

12. 预包装食品标签设计样张（预包装食品提供）；

13. 中国绿色食品发展中心要求提供的相关文件［国家追溯平台注册成功证明、非转基因证明（必要时）等］；

（二）现场检查材料

14. 现场检查报告（涉及多环节时，应按"种植 - 养殖 - 加工"顺序）；

15. 签到表；

16. 现场检查发现问题汇总表；

17. 现场检查照片；

（三）检测报告

18. 产地环境监测报告（产地免检或背景值等证明材料）；

19. 产品检测抽样单及产品检测报告；

（四）初审报告

20. 省级工作机构初审报告。

三、补充材料装订顺序

1.《补充材料审查确认单》；

2.《绿色食品审查意见通知书》；

3. 按照审查意见条目顺序的相应补充材料。

附件 3

绿色食品申请人材料

初次申请□　续展申请□　增报申请□

申请人：上海 **** 专业合作社

申请人材料

目　录

1. 申请书
2. 调查表
3. 资质证明文件
4. 质量控制规范
5. 生产操作规程
6. 基地来源及证明材料
7. 基地位置图和分布图
8. 基地清单
9. 其他合同或协议及相关凭证
10. 生产记录（必要时）
11. 预包装食品标签设计样张
12. 国家追溯平台注册截图
13. 绿色食品获证产品证书（必要时）
14. 中国绿色食品发展中心要求提供的其他文件

附件4

上海市农产品质量安全中心提供资料

目　录

初次申请□　续展申请□　增报申请□

1. 现场检查报告

2. 会议签到表

3. 现场检查发现问题汇总表

4. 现场检查照片

5. 产地环境监测报告（必要时）

6. 产品检测报告（附产品抽样单及检测情况表）

7. 绿色食品省级工作机构初审报告

附件 5

上海市农产品质量安全中心存档资料

目 录

初次申请□　续展申请□　增报申请□

1. 绿色食品申请受理通知书

2. 绿色食品受理审查报告

3. 绿色食品现场检查通知书

4. 现场检查报告

5. 会议签到表

6. 现场检查发现问题汇总表

7. 现场检查照片

8. 绿色食品现场检查意见通知书

9. 产地环境监测报告（必要时）

10. 产品检测抽样单及产品检测报告

11. 区级绿色食品工作机构初审意见表

12. 绿色食品省级工作机构初审报告

上海市绿色食品质量安全突发事件应急预案

（2021 年 5 月 21 日发布）

1 总则

1.1 编制目的

建立上海市绿色食品质量安全突发事件应急处置机制，以预防、应对本市绿色食品质量安全突发事件，提高应急处置工作效率，减少绿色食品质量安全突发事件的危害，保护消费者健康、生命安全，促进绿色食品事业健康发展。

1.2 编制依据

根据《中华人民共和国农产品质量安全法》《农产品质量安全突发事件应急预案》《中国绿色食品发展中心绿色食品质量安全突发事件应急预案》等法律法规和规章制度，制定本预案。

1.3 组织领导

在上海市农业农村委员会和中国绿色食品发展中心统一领导下，按照《绿色食品标志管理办法》及有关规定，由上海市农产品质量安全中心（以下简称中心）、各区级绿色食品工作机构（以下简称区级机构）根据职责分工，依法开展工作。

1.4 处置原则

本市绿色食品质量安全突发事件处置遵循以人为本、减少危害，统一领导、协同联动，科学分析、依法处置，快速反应、信息透明，重点监控、长效监管原则。

1.5 事件分级

本预案所称绿色食品质量安全突发事件，是指因食用绿色食品而对人体健康产生危害或者可能有潜在危害的事故，或者因消费者维权引起的质量纠纷事件，或者因各种媒介报道的与绿色食品质量安全有关的舆情事件等。按照《中国绿色食品发展中心绿色食品质量安全突发事件应急预案》规定，绿色食品质量安全突发事件分为四个等级：特别严重（Ⅰ）级、严重（Ⅱ）级、较重（Ⅲ）级和一般（Ⅳ）级四级。绿色食品质量安全突发事件的等级，由中国绿色食品发展中心评估核定，分级标准如下：

（1）特别严重（Ⅰ）级：指发生在整个行业内并可能造成全国性或国际性负面影响的、大范围和长时间存在的严重质量安全事件。

（2）严重（Ⅱ）级：指发生在行业局部或区域范围内有一定规模和持续性的质量安全事件。

（3）较重（Ⅲ）级：指发生在行业内个别企业或省域内小规模和短期性的质量安全事件。

（4）一般（Ⅳ）级：指各种媒介报道的绿色食品某个企业产品质量安全舆情事件，或单位和个人举报、投诉的绿色食品某个企业产品质量安全事件。

1.6 适用范围

本预案适用于Ⅲ级、Ⅳ级绿色食品质量安全突发事件应急处置。

Ⅰ级、Ⅱ级绿色食品质量安全突发事件应急处置，按照《中国绿色食品发展中心绿色食品质量安全突发事件应急预案》有关规定执行。

2 组织机构及职责

2.1 应急处置领导小组设置

成立由中心领导、区级机构负责人、技术专家等组成的绿色食品质量安全突发事件应急处置领导小组，在市农业农村委和中国绿色食品发展中心统一领导下，开展本市绿色食品质量安全突发事件应急处置工作。

应急处置领导小组组长由中心主任担任，副组长由中心副主任担任，成员包括事件发生地区级机构负责人、绿色食品定点检测机构负责人、中心综合办公室、安全评价科、理化分析科、质量业务科、绿色发展科、体系品牌科、监督指导科等科室负责人等。

应急处置领导小组办公室设在中心监督指导科，办公室主任由监督指导科负责人担任，成员由中心各业务科室联络员和区级机构有关负责同志担任。中心突发事件受理电话：021-52162372，中心应急处置领导小组办公室地址：上海市仙霞西路779号5号楼西；邮编：200335；电话：021-52163410；传真：021-52163420。

2.2 应急处置领导小组职责

在市农业农村委和中国绿色食品发展中心的领导下，负责Ⅲ级、Ⅳ级绿色食品质量安全突发事件的应急处置工作，依法配合处置Ⅰ级、Ⅱ级绿色食品质量安全突发事件。

2.3 应急处置领导小组办公室职责

应急处置领导小组办公室负责贯彻落实应急处置领导小组的各项部署，组织协调实施突发事件应急处置，并日常开展绿色食品质量安全信息收集、网络舆情收集、投诉举报受理，突发事件信息核实、应急处置培训和演练等工作。

2.4 部门和单位职责

中心各部门和相关单位职责如下：

（1）综合办公室：负责绿色食品质量安全突发事件处置的信息汇总上报、对外发布、后勤保障等工作。

（2）监督指导科：承担应急处置领导小组办公室的日常工作；制定绿色食品质量安全突发事件年度预算方案；拟定应急处置预案，负责绿色食品、绿色食品原料标准化生产基地产品突发事件应急处置等工作。

（3）安全评价科：负责绿色食品质量安全突发事件中有关药物残留质量安全指标检测服务工作，负责绿色食品药物残留质量安全指标的汇总、分析、研判、预警，参与事件调查，协同应急处置领导小组办公室开展突发事件处置等相关工作。

（4）理化分析科：负责绿色食品质量安全突发事件中有关微生物、理化指标检测服务工作，负责绿色食品微生物、理化指标的汇总、分析、研判、预警，参与事件调查，协同应急处置领导小组办公室开展突发事件处置等相关工作。

（5）质量业务科：负责绿色食品产品抽样采样、宣传、培训等相关突发事件处置工作，负责绿色食品质量安全突发事件技术专家组的组织、联络、咨询服务工作。

（6）体系品牌科：负责绿色食品养殖产品申报、绿色食品展会展览等过程中相关突发事件处置工作。

（7）绿色发展科：负责绿色食品种植、加工产品申报等过程中相关突发事件处置工作。

（8）各区级机构：在中心应急处置领导小组指导下，协助开展Ⅰ级、Ⅱ级、Ⅲ级绿色食品质量安全突发事件的应急处置工作；负责辖区Ⅳ级绿色食品质量安全突发事件的应急处置工作。

（9）绿色食品定点检测机构：在应急处置领导小组指导下，承担绿色食品产品质量安全检测服务工作，向应急处置领导小组办公室及时报告工作中收集的绿色食品产品质量安全风险信息，协助开展绿色食品应急处置服务工作。

2.5 其他应急处置成员职责

应急处置领导小组根据绿色食品质量安全突发事件的复杂情况，成立事件调查组、事件处置组、技术专家组、信息发布组等，以强化绿色食品应急处置工作。

2.5.1 事件调查组

组成：应急处置领导小组根据事件发生领域情况，明确牵头责任人和部门，并抽调中心、区级工作机构相关人员组成。

职责：调查事件发生原因、性质及严重程度，做出调查结论，评估事件影响，提出事件处置建议。

2.5.2 事件处置组

组成：由应急处置领导小组根据小组成员职责分工情况确定。

职责：组织实施应急处置工作，依法配合有关执法、监管部门实施行政监督、行政处罚，监督封存、召回问题产品，按照绿色食品有关制度，责令报请撤销注销绿色食品证书，监督相应措施落实，依法追究责任人责任。

2.5.3 技术专家组

组成：由中国绿色食品发展中心有关领导和专家（必要时）、市农业农村委、区农业农村委、区级机构、有关行业领导和专家组成，技术专家组由应急处置领导小组召集成立，质量业务科负责联络和服务。

职责：为绿色食品质量安全突发事件处置提供技术支持，评价分析和综合研判，分析查找事件原因和评估事件发展趋势，预测事件后果及造成的危害，参与现场处置方案的制定。

2.5.4 信息发布组

组成：中心综合办公室、相关区级机构

职责：负责组织绿色食品质量安全突发事件处置宣传报道和舆论引导，做好信息发布工作。

3 预测预警和报告评估

3.1 预测预警

建立绿色食品质量安全预警制度。监督指导科通过绿色食品跟踪检查、绿色食品证书年检、包装标识监察和备案审查、绿色食品原料基地年检、有关协助调查、有关投诉举报等工作收集绿色食品生产过程的问题隐患并提出预防措施和处置建议；安全评价科、理化分析科、质量业务科通过风险监测、例行监测、监督抽检、有关投诉举报等工作收集绿色食品产品质量的问题隐患并提出预防措施和处置建议；绿色食品发展科、体系品牌科通过绿色食品预审检查、现场检查抽查、续展抽查、有关投诉举报等工作收集绿色食品申报过程的问题隐患并提出预防措施和处置建议。区级机构应定期将监控舆情等预警信息汇总到应急处置领导小组办公室。

3.2 事件报告

建立健全绿色食品质量安全突发事件报告制度，收集包括公众举报信息、媒体披露与报道信息、其他单位和个人举报信息等，按规定进行信息报告、报送、通报等。

3.2.1 责任报告单位和人员

（1）绿色食品质量安全突发事件发生单位。

（2）绿色食品定点检验检测机构。

（3）区级机构。

（4）各级绿色食品检查员、监管员，绿色食品企业内检员。

任何单位和个人对绿色食品质量安全突发事件不得瞒报、迟报、谎报或者授意他人瞒报、迟报、谎报，不得阻碍他人报告。

3.2.2 报告程序

遵循自下而上逐级报告原则，可以越级上报。鼓励其他单位和个人向各级农业农村委或绿色食品工作机构报告绿色食品质量安全突发事件的发生情况。

（1）绿色食品质量安全突发事件发生后，有关责任单位和个人应当采取控制措施，第一时间向所在地农业农村委或绿色食品工作机构报告，或直接向中心报告，收到报告的部门应当立即处理。

（2）发生 II 级及以上事件时，按《中国绿色食品发展中心绿色食品质量安全突发事件应急预案》有关规定报告处理。

（3）发生 III 级和 IV 级绿色食品质量安全突发事件时，应当在 4个小时内同时报告中国绿色食品发展中心和市农业农村委监管处，并立即组织开展事件核查工作。

（4）鼓励任何单位和个人向中国绿色食品发展中心、市、区绿色食品工作机构依法实名举报或报告绿色食品质量安全问题。

3.2.3 报告要求

事件发生地区级机构应尽可能报告事件发生的时间、地点、单位、涉事绿色食品品牌名称、可能原因、危害程度、伤亡人数、事件报告单位及报告时间、报告单位联系人员及联系方式、事件发生原因的初步判断、事件发生后采取的措施及事件控制情况等，如有可能应当报告事件的简要经过。

3.2.4 通报

接到绿色食品质量安全突发事件报告后，中心应及时与相关区级机构沟通，并将有关情况按程序通报相关部门，属 II 级及以上事件时，应按本预案规定上报中国绿色食品发展中心和市农业农村委农产品质量安全监督管理处；有蔓延趋势的，应向相关地区的农业农村行政主管部门通报，加强预警预防工作。

3.3 事件评估

绿色食品质量安全突发事件发生后，应急处置领导小组在听取技术专家组对绿色食品质量安全突发事件情况分析后，将核实的突发事件情况按本预案规定报告中国绿色食品发展中心，由中国绿色食品发展中心进行事件分析评估并核定事件级别。

4 应急响应

4.1 应急机制启动

绿色食品质量安全突发事件发生后，经中国绿色食品发展中心核定为Ⅱ级以上事件的，按《中国绿色食品发展中心绿色食品质量安全突发事件应急预案》有关规定启动应急机制；核定为Ⅲ级和Ⅳ级事件的，应急处置领导小组按本预案规定和突发事件性质、涉及环节和范围，明确各小组各成员分工任务，召集成立技术专家组，派出事件调查组、事件处置组，组织协调开展应急处置工作，并及时向市农业农村委和中国绿色食品发展中心报告事件处置进展情况。

4.2 分级响应

绿色食品质量安全突发事件Ⅰ级、Ⅱ级响应，按照《中国绿色食品发展中心绿色食品质量安全突发事件应急预案》有关规定执行；绿色食品质量安全突发事件Ⅲ级、Ⅳ级响应，由中心报中国绿色食品发展中心同意后组织启动实施，并接受市农业农村委和中国绿色食品发展中心的指导、协调和督促。

4.3 指挥协调

（1）应急处置领导小组指挥协调本市绿色食品质量安全突发事件应急预案响应；提出应急行动原则要求，协调指挥应急处置行动。

（2）应急处置领导小组办公室组织贯彻应急处置领导小组工作部署，协调相关科室和区级机构向应急处置领导小组提出应急处置重大事项决策建议；协助、协调实施现场应急处置工作；及时向应急处置领导小组报告应急处置行动的进展情况；定期组织开展应急演习演练等。

4.4 现场处置

绿色食品质量安全突发事件发生后，事件处置组、事发责任单位和当地区级机构及相关部门必要时应当迅速采取人员生命健康抢救，相关产品封存、召回，人群情绪安抚，客观信息核实，制止危害发生蔓延，最大限度减少危害和降低影响措施，控制事态发展。

4.5 响应终止

绿色食品质量安全突发事件隐患或相关危险因素消除后，突发事件应急处置即终止，事件处置组撤离现场。应急处置领导小组办公室应及时组织技术专家组进行分析论证，经现场评价确认无危害和风险消除后，提出终止应急响应的建议，报应急处置领导小组批准后，宣布应急响应结束。

5 后期处置

5.1 善后处置

在市农业农村委和中国绿色食品发展中心的领导下，绿色食品质量安全突发事件发生地相关部门和机构负责指导安置和慰问受危害和受影响人员或企业，监督相关生产企业处理、销毁相关产品，纠正违法违规生产情形和消除危害影响等事项，实施征用物资补偿，污染物收集、清理与处理，组织恢复正常生产秩序，保证社会稳定。

5.2 总结报告

Ⅲ级、Ⅳ级绿色食品质量安全突发事件善后处置工作结束后，应急处置领导小组办公室应当协调相关应急处置工作牵头科室，及时总结分析应急处置过程，提出预防类似事件的措施办法及改进应急处置工作的建议，应急处置工作牵头科室应及时完成应急处置总结报告，经应急处置领导小组批准同意后，报送市农业农村委农产品质量安全监督管理处和中国绿色食品发展中心应急处置指挥领导小组办公室。

6 应急保障

6.1 信息保障

建立绿色食品质量安全突发事件信息报告制度，相关业务科室和区级机构，有关检测机构，有关绿色食品生产主体，全市绿色食品检查员、监管员，企业内检员依据各自职责和本预案规定，负责绿色食品质量安全突发事件信息的收集、处理、分析和报告等工作。

6.2 技术保障

技术专家组和绿色食品定点检测机构提供绿色食品质量安全突发事件技术服务保障，必要时报请中国绿色食品发展中心提供技术支持。

6.3 物资保障

本市绿色食品质量安全突发事件应急处置相关经费纳入年度财务预算。各区绿色食品质量安全突发事件应急处置所需经费应纳入各区级机构年度财务预算。

7 监督管理

7.1 奖励与责任

对在绿色食品质量安全突发事件应急处置工作中有突出贡献或者成绩显著的单位、个人，给予表彰和奖励。对绿色食品质量安全突发事件应急处置工作中有失职、渎职行为的单位或工作人员，根据情节，由其所在单位或上级部门给予处分；构成犯罪的，依法移送司法部门追究刑事责任。

7.2 宣教培训

中心每年定期组织绿色食品质量安全突发事件应急处置培训工作。

各区级机构应当加强对绿色食品生产经营者和广大消费者的绿色食品安全生产、安全消费知识宣传、培训，提高风险防范意识。

8 附则

8.1 预案管理更新

《中国绿色食品发展中心绿色食品质量安全突发事件应急预案》及上级部门对绿色食品质量安全突发事件应急处置有更新要求时，参照中国绿色食品发展中心和上级部门有关规定执行并对本预案进行及时修订更新。

8.2 演习演练

在市农业农村委的领导下，定期组织开展绿色食品质量安全突发事件应急处置演习演练，检验和强化应急准备和应急响应能力，并通过演习演练，不断完善应急预案。

8.3 预案解释实施

本预案由上海市农产品质量安全中心负责解释，自印发之日起施行。